Les noms du père chez Jacques Lacan
Ponctuations et problématiques

雅克·拉康的"父姓"
——标点与问题

Erik Porge
〔法〕埃里克·波尔热 / 著
郝淑芬 / 译

刘 铭 主编

海峡出版发行集团 | 福建教育出版社

图书在版编目（CIP）数据

雅克·拉康的"父姓"：标点与问题／（法）埃里克·波尔热著；郝淑芬译.——福州：福建教育出版社，2025.6.——（西方思想文化译丛／刘铭主编）.
ISBN 978-7-5758-0444-8

Ⅰ．B84-065；B565.59
中国国家版本馆CIP数据核字第2025GJ8638号

Les noms du père chez Jacques Lacan: Ponctuations et problématiques
by Erik Porge
Copyright© éditions érès 2006, nouvelle édition 2013
All Rights Reserved.

西方思想文化译丛
刘铭　主编

Les noms du père chez Jacques Lacan: Ponctuations et problématiques
雅克·拉康的"父姓"：标点与问题
〔法〕埃里克·波尔热　著　郝淑芬　译

出版发行	福建教育出版社
	（福州市梦山路27号　邮编：350025　网址：www.fep.com.cn
	编辑部电话：010-62027445
	发行部电话：010-62024258　0591-87115073）
出 版 人	江金辉
印　　刷	福建新华联合印务集团有限公司
	（福州市晋安区后屿路6号　邮编：350014）
开　　本	890毫米×1240毫米　1/32
印　　张	9.375
字　　数	178千字
插　　页	1
版　　次	2025年6月第1版　2025年6月第1次印刷
书　　号	ISBN 978-7-5758-0444-8
定　　价	69.00元

如发现本书印装质量问题，请向本社出版科（电话：0591-83726019）调换。

编者的话

在经过书系的多年发展之后,我一直想表达一些感谢和期待。随着全球新冠疫情的爆发,与随之而来的全球经济衰退和政治不安因素的增加,各种思潮也开始变得混乱,加之新技术又加剧了一些矛盾……我们注定要更强烈地感受到危机并且要长时间面对这样的世界。回想我们也经历了改革开放发展的黄金40年,这是历史上最辉煌的经济发展时段之一,也是思潮最为涌动的时期之一。最近的情形,使我相信这几十年从上而下的经济政治的进步,各种思考和论争,对人类的重要性可能都不如战争中一个小小的核弹发射器,世界的真实似乎都不重要了。然而,人类对物质的欲望在网络时代被更夸大地刺激着,陀思妥耶夫斯基的大法官之问甚至可能成为这个时代多余的思考,各种因素使得年轻人不愿把人文学科作为一种重要的人生职业选择,这令我们部分从业者感到失落。但在我看来,其实人文学科的发展或衰退如同经济危机和高速发展一样,它总是一个阶段性的现象,不必过分夸大。我坚信人文学科还是能够继续发展的,每一代年轻人也不会抛弃对生命意义的反思。我们对新一代有多不满,我们也就能从年轻人身上看到多大的希望,这些希望就是我们不停地阅读、反思、教授的动力。我想,这也是我们还能坚持做一个思想文化类的译丛,并且得到福建

雅克·拉康的"父姓"——标点与问题
Les noms du père chez Jacques Lacan
Ponctuations et problématiques

教育出版社大力支持的原因。

八闽之地，人杰地灵，尤其是近代以来，为中华文化接续和创新做出了重要的贡献。严复先生顺应时代所需，积极投身教育和文化翻译工作，试图引进足以改革积弊日久的传统文化的新基因，以西学震荡国人的认知，虽略显激进，但严复先生确实足以成为当时先进启蒙文化的代表。而当今时代，文化发展之快，时代精神变革之大，并不啻于百年前。随着经济和政治竞争的激烈，更多本应自觉发展的文化因素，也被裹挟进一个个思想的战场，而发展好本国文化的最好途径，依然不是闭关锁国，而是更积极地去了解世界和引进新思想，通过同情的理解和理性的批判，获得我们自己的文化发展资源，参与时代的全面进步。这可以看作是严复、林纾等先贤们开放的文化精神的延续，也是我们国家改革开放精神的发展。作为一家长期专业从事教育图书出版的机构，福建教育出版社的坚持，就是出版人眼中更宽广的精神时空，更真实的现实和更深远的人类意义的结合，我们希望这种一致的理想能够推动书系的工作继续下去，这个小小的书系能为我们的文化发展做出微小的贡献。

这个书系产生于不同学科、不同学术背景的同道对一些问题的争论，我们认为可以把自己的研究领域中前沿而有趣的东西先翻译过来，用作品说话，而不是流于散漫的口舌之争，以引导更深的探索。书系定位为较为专业和自由的翻译平台，我们希望在此基础之上建立一个学术研究和交流的平台。在书目的编选上亦体现了这种自由和专业性相结合的特点。最初的译者大多都是在欧洲攻读博士学位的新人，从自己研究擅长的领域开始，虽然也会有各种问题，但也带来了颇多新鲜有趣的研究，可以给我们更多不同的思路，带来思想上的冲击。随着大家研究的深入，这个书系将会带来更加优秀的原著和研究作品。我们坚信人文精神不会消亡，甚至根本不会消退，在我们每一本书里都能感到作者、译者、编者的热情，也看到了我们的共同成长，我们依然会坚持这些理想，继续前进。

刘铭

于扬州大学荷花池校区

目　录

引言 / 001

父姓概念的初步形成（1951—1957） / 023

1963年之前"父姓"理论的状态（1958—1963） / 049

1963年的危机与巴黎弗洛伊德学校的建立 / 069

沉默之声 / 105

研讨班"从大他者到小他者"的转折（1968—1969） / 131

父姓研究的新进展（1969—1975） / 161

姓之姓的姓 / 195

被假设应知的主体的父姓 / 227

译后记 / 282

引言

"性情,是撕裂和分化人类之所在。"——赫拉克利特①,摘自乔治·阿甘本②,《语言与死亡》,第165页。

西格蒙德·弗洛伊德③和雅克·拉康④都认为,赫拉克利特提出的撕裂和分化人类的性情使人成为了主体。对于弗洛伊德而言,主体涉及两组三元论,即:意识/无意识/前意识(conscient/inconscient/préconscient),自我/本我/超我(moi/ça/sur-moi)。而拉康则认为,主体被"卡"在实在界(réel)、象征界(symbolique)、想象界(imaginaire)之间,它被知识(savoir)与真理(vérité)分化了。在这些术语之间,还存在一种"父亲"的概念,此概念为这些术语之间的区分做出了贡献。父亲是什么?从诱惑的父亲到原始部落的父亲,再到一个被打的孩子幻想中的父亲,弗洛伊德始终认为父亲在心理现实的构建中具有超然的地位。拉康通过引入父姓(Nom-du-Père)这一术语,继承并发展了弗洛伊德的这个概念。尽管如此,他仍在1957年指

---

① 赫拉克利特(前540—前480),古希腊哲学家,以弗所学派创始人。——译者注
② 乔治·阿甘本(1942—),意大利当代政治思想家、哲学家。——译者注
③ 西格蒙德·弗洛伊德(1856—1939),奥地利精神病医师、心理学家、精神分析学派创始人。——译者注
④ 雅克·拉康(1901—1981),法国精神分析学家,拉康派精神分析创始人。——译者注

雅克·拉康的"父姓"——标点与问题
Les noms du père chez Jacques Lacan
Ponctuations et problématiques

出:"父亲是什么?这个问题作为分析经验的核心被提了出来,但对于我们这些精神分析家而言,它始终未被解决。"[1]

尽管尚未找到答案,拉康还是不遗余力地寻找提出此问题的好方法,即不根据现实和意义的偏见,将"父亲"定义为一个指代的术语。"在精神分析的经验中,父亲永远是指代性的。我们解释与父亲这样或那样的关系,但是,我们是否从未将一个人当作父亲来分析?这促使我进行了观察!父亲是一个分析性、阐释性的术语。父亲这个词涉及了某种元素。"[2]这就是为什么实在界、象征界、想象界(réel, symbolique, imaginaire 简称: RSI)这三个术语表明它们可以在关系模式之外,通过"父亲"的概念建立父姓(des noms du père)这一术语的原因。[3]如果父(le père)仅仅是一个指代,那么父亲的姓(les noms)则代表了主体与父亲的关系。

拉康补充道:"弗洛伊德毫不犹豫地肯定'姓'本质上就是律法。"[4]父亲,是一个无法通过经验的真理确认的指称,因此,只能用"姓"命名的律法作为保证。"父爱无疆"(拉丁语:Pater semper incertus)是弗洛伊德与拉康承认的一种基础性的真理,"父亲"拥有如此特殊的功能就源于此。亲子结构的不确定性,使得我们不得不优先考虑通过律法,使用言语把"父亲"转化

---

[1] 拉康:《客体关系》,巴黎:门槛出版社,1994年,第372页。
[2] 拉康:《一个不是假装的辞说》,1971年6月19日研讨班记录稿,未出版。
[3] 拉康:《实在界、象征界和想象界》(简称《RSI》),1975年3月11日研讨班记录稿,未出版。
[4] 同[2]。

为术语"父姓"。

那么，为什么不表述为父亲的姓名（Nom de Père）？拉普兰斯[1]已经在他的论文中回答了这个问题。[2] 他说"父亲的姓名"被限制在"父亲"这个词的使用范围内，或者只是语言中的一个代用词。而父姓（Nom-du-Père）则建立在以上用法与象征性的现实、丰富的实在和想象的交叉点之上。

由此，第二个问题便立即产生了：如何使用法语拼写术语"父姓"？写或不写为大写字母？又或写几个大写字母？带或不带连字符？同样的问题也体现在复数形式上，即拉康同样也使用"姓"的复数形式：les noms du père。在单数形式下，我们选择加连字符的大写字母：Nom-du-Père，而在小写复数形式下则不加连字符：les noms du père。对于父姓（Nom-du-Père）而言，选择书写方式相当容易，因为在拉康所有的书写方式和发表的文本中，包括他最晚期的文章，比如《L'étourdit》[3]（发表于1972年）中，我们都能找到"父姓（Nom-du-Père）"这个词的大写字母和连字符的拼写形式。但是，此拼写规则只有唯一的一个例外，就是拉康在1953年罗马的演讲稿[4]中，将该术语拼写为小写斜体没有连字符：le nom du père。这种拼写方式也许可以解释为："父姓"这个问题在当时与实在界／象征界／想象

---

[1] 拉普兰斯（1924—2012），法国作家、精神分析家及酿酒师。——译者注
[2] 拉普兰斯：《荷尔德林与父亲的问题》，巴黎：PUF出版社，1969年，第43页。
[3] 拉康：《L'étourdit》，摘自《西利色》，第4期，巴黎：门槛出版社，1973年，第16页。
[4] 拉康：《书写》，巴黎：门槛出版社，1966年，第278页。

界的三元结构特别地重叠在了一起。如果父姓中的姓（Nom）首字母只有大写，那么就会呈现出一种"姓"的神圣化形式，并倾向于将父姓导向成为一种宗教，甚至成为一种对"姓"的绝对信仰。因此，我们在其中看到了父姓概念的某种衰变形式，为了将"父姓"与"被假设应知的主体（sujet supposé savoir）"这两个术语联系在一起，我们使用了大写字母加连字符的姓（Nom）与父（Père）的拼写方式。然而，姓（Nom）与父（Père）的首字母同时大写，然后加上连字符"-"，使这三个单词成为一个整体：父姓（Nom-du-Père），强化了"姓"与"父"之间的统一性。因此，父姓这个词经由首字母大写后变成一个专有名词。但是，这个词是谁、是什么的专有名词呢？尽管它与父亲不无关系，但"父姓（Nom-du-Père）"并不是父亲的专有名词。姓，作为父亲特有的姓氏，既是名字也是命名，[①]更是父亲姓名的总称。

在拉康出版的著作中，父姓并没有形成固定的拼写形式。该术语还出现在他的讲座和研讨班中，但我们并不清楚拉康如何拼写它。一般来说，这些口述的文本都选择使用"les noms du père"小写复数形式。在通用性的问题之外，由于它涉及的是一个词指代另一个词，因而这一写法似乎是合理的。另外，拉康使用的同音异义句："智者迷失的父姓（les noms du père les

---

[①] 正如拉康在1975年研讨班"实在界、象征界和想象界"（简称："RSI"）中发现的那样。

non dupes errent）"①，强调"智者迷失（les non dupes errent）"和"父姓（les noms du père）"这两个概念都源于一种相同的理解，②因此我们更倾向于小写的拼写法。

这两个问题显得很奇怪，并不是因为父姓与父亲的专有名词无法等同起来，情况远非如此。现有的经验提醒我们，所有对专有名词字面性质的改变（从姓、名的改变直到字母的改变）都会印刻在主体的历史中，其结果可以影响几代人。我们的研究表明，一些阅读障碍其实就是字母恐惧症，这与父亲的专有名词在书写过程中"被擦除"是相关的。③

在父亲的专有名词（nom propre dupère）和父姓（Nom-du-Père）之间存在的这些联系，并不意味着人们为了保障父姓的有效性而不能更改姓名，好像这会破坏父姓的有效性似的。这些联系并不具备预言性或规范性，因而精神分析理论并不适宜作为反对更改姓名的依据。在某些情况下，一些人会因为国家迫害而更换姓名，新的姓名甚至可能起到使主体重新融入其个人历史和家庭系统中的作用。比如在尼科尔·拉皮埃尔④的著作

---

① 拉康在此使用了一种同音异义的词语游戏，在法语中"les non dupes errent"和"Nom-du-Père"发音上是相同的。本书后面对这两个术语有详细的解释。——译者注
② 拉康：《智者迷失》，1973年11月13日研讨班记录稿，未出版。
③ 波尔日：《字母恐惧症：如同症状般的诵读困难》，杂志《Littoral》，1983年2月，第7/8期，图卢兹：时代出版社。
④ 尼科尔·拉皮埃尔（1947— ），法国人类学家、社会学家。——译者注

雅克·拉康的"父姓"——标点与问题
Les noms du père chez Jacques Lacan
Ponctuations et problématiques

《更名改姓》①中主人公让纳·克鲁萨特（Jean Clusat）的遭遇。让纳·克鲁萨特的家族是躲过1915年大屠杀，留在土耳其的亚美尼亚人，在1934年之后，他们不得不将自己的姓氏土耳其化。小时候，让纳在一所亚美尼亚小学上学，在那里，他的土耳其姓名被切成两半，并在末尾加上-ian。而在其他地方，他都叫自己的土耳其名字。关于自己姓氏的问题，让纳在父母那里始终没有得到解释，因为他们一直痛苦地保持沉默。直到他13岁去黎巴嫩与哥哥团聚时，才得知自己家族废除姓氏事件的始末，以及自己家族原来的姓氏是"Mardirossian"。因此，他在自己居住的亚美尼亚社区使用了这个原姓氏，却被误认为拥有"双重国籍"。随后，他在俄罗斯继续学业期间，就正式使用了原姓氏"Mardirossian"。在离开俄罗斯前往法国时，他又不得不改回原先那个他一直拒绝且难以忍受的土耳其名字。在法国申请入籍时，让纳再次决定改姓。"因为他没有任何证据证明自己的姓氏是'Mardirossian'，所以只能违心地请工作人员换掉土耳其姓氏

---

① 拉皮埃尔：《更名改姓》，巴黎：斯托克出版社，1995年，第177页及之后。作者明确反对把父系姓氏（patronyme paternel）与父姓（Nom-du-père）混淆在一起，尤其是精神分析家们针对姓名的改变做出的不利判断所产生的混淆，参见第190、349、367页。他说："事实上，正是基于这一点，让我们窥见到姓的改变：为了自我及他者们，无论好与坏，姓氏都被保护或囚禁在一个符号中，并与身份捆绑在一起。通过此方式，这个符号变成一个信号、烙印或特征。保留其姓氏，即成为它的战利品。从人类的观点出发，获得一个姓名，就意味着融入家族世世代代建立的秩序中，但也同样被归类，这意味着个体既可以超越其所在阶级，但同样也会降低阶级。在社会等级制度或民族激情之下，个人的虚荣心或集体的制裁使姓氏成为超越标志的起源，成为价值或自然的标志。于是这就变成了一种定论，它取消了所有相异性，而这些永远是多元的相异性来自个体内部，这些相异性不同于姓，因为它们使个体变得独特，但却从一开始就被边缘化了。"（第367页）

中的一部分，以便增加一点辨识度，至少在姓氏中加上-ian，就像他在亚美尼亚的小学时那样。然而，他的要求被拒绝了，因为法律只允许他使用法国化的名字。"于是，他在即将成为父亲的时候，选择了让纳·克鲁萨特这个名字。"这个新名字，首先对他，其次对他身边的人来说，都标志着获得了一种真正的自由，即当恐惧被阻断之后，最终可以传递的自由。"事实上，在他加入法国国籍更改姓氏后，他的兄弟和父母也先后来到法国，并使用了相同的姓氏。至此，父母采用了他们儿子的身份。儿子给予父亲一个姓氏！让纳·克鲁萨特如是说："这个故事总是与种族灭绝的问题联系在一起，而种族灭绝问题却从未有人谈论过，从未用语言表达过，就这样过去了。在我刚刚完成我的第一项关于亚美尼亚种族灭绝的学术研究时，我的父亲打电话告诉我他入籍的好消息。他说：'现在我可以告诉你一切了。'对我来说，这真是令人难忘、震动人心的时刻。"在这种情况下，儿子为原姓氏的重新正名，也正是为父姓服务的有效行为。

　　正如拉康承认的，父姓这一术语是从宗教中借用来的，更确切地说是基督教。因此，拉康继续将父姓与上帝之名进行对照就不足为奇了。有时他会以父姓[①]作为范本，写下"天父（Dieu-le-Père）"这个词。上帝似乎是父姓的一个形象，并且拉康借此主题常常思考摩西在霍雷布山上询问上帝之名时，上

[①] 拉康：《被假设应知的主体的误解》，摘自《西利色》，第1期，巴黎：门槛出版社，1968年，第39页。

帝的回答方式。当时有一丛灌木正在燃烧着，却没有被烧毁。[1]
正如我们所知，上帝的回答是"我是／我将是／我就是我（希伯来语：ehiè ashèr ehiè；法语：je suis/je serai qui/ce que je suis）"。我们可以看出，上帝的回答保持了其姓名的神秘性，它回避并取消了谓词[2]、代词。关于这个问题，我们可以阅读阿甘本[3]的评论，他指出，从中世纪起，代词相对于名词而言，处于更加次要的位置，也就是它处于语言最遥远的边缘地带："事实上，代词表示的是 substantiam sine qualitate，即纯粹的存在本身，先于并超越一切质的限定。"[4]代词曾经被称为"超越性的"术语，因为在它们之外，既没有什么可以被言说的，也没有什么可以被知晓的。正如阿甘本所言："中世纪的思考，使我们意识到了表意（signifier）与指示（montrer）之间的过渡带来的属性问题，此问题常常发生在代词身上，但却无法得到解决。"随着雅各布森[5]与本维尼斯特[6]的研究，现代语言学前进了一步。代词是一些"表意符号（indicateurs de l'énonciation）"，关系到包含它们的言语实例（instance de discours）。这些代词作为"'空符号（signes vides）'出现，一旦说话者在言语实例中接

---

[1] 参见《圣经》，第3章《出埃及记》。
[2] 在中文中是有谓语的，但在法语语法中没有谓语。——译者注
[3] 阿甘本（1942— ），意大利当代政治思想家、哲学家。——译者注
[4] 阿甘本：《语言与死亡》，巴黎：基督教资产阶级出版社，1991年，第50页及之后。
[5] 雅各布森（1896—1982），俄国杰出的语言学家，诗学家。——译者注
[6] 本维尼斯特（1902—1976），法国结构主义语言学家、符号学家。——译者注

受它们，这些代词就会变得'充实（pleins）'。代词的目的是'使用言语完成语言的转换'，实现从语言到话语（de langue à parole）的过渡"。代词的功能是"在意义和指示、语言（编码）和话语（信息）之间的过渡衔接"。阿甘本总结道："代词和其他表意符号在指示真实对象之前，明确地表达了语言的发生（le langage a lieu）。因此，它们使我们有可能在世界，甚至是意义出现之前，就意识到语言事件（l'événement de langage），而在语言事件内部只有某些部分可以被符号化。"

在上帝之名（Nom de Dieu）中，即在父姓中，某些源自语言事件的元素确实是以这种方式在表意与指示之间发挥作用的。那么，是否应该将该术语命名为"父名（Pronom-du-Père）"而非"父姓（Nom-du-Père）"呢？父姓在言语实例中只表现为一个代词吗？众所周知，罗素[①]将专有名词等同于指示代词，而拉康[②]则对此提出了疑问，并以道一[③]（trait unaire）的文字为例，将指示代词与专有名词的特殊性对立起来。事实上，对父姓的深入研究表明，它不是通过简化为一个代词，而是通过名词（姓）实现其功能的：它的定义并非不具备代词的性质（正

[①] 罗素（1872—1970），英国哲学家、数学家、逻辑学家。——译者注
[②] 拉康：《认同》，1961年12月20日与1962年1月10日研讨班记录稿，未出版。
[③] 道一（trait unaire）：这一概念是拉康从弗洛伊德的理论中引入的，用来表示能指的基本形式，并解释了个体的能指认同。弗洛伊德认为当客体消失时，主体对客体的能量投注就会被对一种"局部的、极其有限的、只借用客体的一个特征"的认同取代。最终，拉康说："归根结底，符号元素的连续性归结为一个事实，即它们是不同的，但又彼此相随"。因此，道一是统一体的能指，是痕迹和标记的铭文。——译者注

009

雅克·拉康的"父姓"——标点与问题
Les noms du père chez Jacques Lacan
Ponctuations et problématiques

如我们在中世纪常说的那样），在代际的意义上，父姓意味着生育、禁止乱伦、律法与意义的关系，以及命名的功能等。

然而，代词实例在父姓中的作用并未减少，在我们看来，代词实例使主体的问题与父姓的问题交错在一起，从而构成了拉康教学中的脐点和决定性的扭结，我们将看到代词实例以各种各样的形式出现在他的教学中。

尽管没有明确解释，但是这位精神分析家拉康针对"科学的主体（sujet de la science）"的创始人笛卡尔的"我是，我存在（je suis，j'existe）"的权威圣句，[1] 以及《圣经》中的名句："我就是那个我（je suis ce que je suis）"进行了一系列的研究工作。[2] 艾蒂安·巴得尔[3]曾为此开展过一场有趣的讲座，尽管我们并不赞同他的结论，[4] 他说："上帝向摩西传达了他那神圣的名，因此他通过'名'成为上帝，与人进行交流。但在以这种方式传达自己的同时，也隐藏了自己：在变得不可发音之前，这个'名'是难以被理解的，或者至少是一个谜。在此，我的目的不是要再次讨论针对这一表述的起源和使用所做的解释并提出问题，而是要将笛卡尔的理论作为参照并进行验证之外，探讨文字本身不可理解的地方，并研究它产生的一些影响。我

---

[1] 参见吉尔森、玛农、阿尔都塞、巴尔瓦等人的研究。
[2] 拉康：《科学与真理》，摘自《书写》，巴黎：门槛出版社，1966年，第858页。
[3] 艾蒂安·巴得尔（1942—），法国哲学家。——译者注
[4] 艾蒂安·巴得尔，《笛卡尔的观点："我思，故我在"》，摘自《哲学公社报》，1992年2月22日，巴黎：阿尔芒·科林出版社，1993年。

们知道，艾蒂安·吉尔森①将它作为'出埃及记的形而上学'的基础，然而，此基础本身就揭示了两种观点：一是证明了此处介入了一种原始的本体论；二是通过结果证明了基督教哲学是可能的，甚至是必要的。我们看到笛卡尔在其语境中，利用创始者定义的犹太—基督教加冕的领域，发现重复这句话的效果是完全不同的，甚至几乎是对立的。"巴得尔对笛卡尔的《沉思录》进行了一字一句的漫长研究之后，最终得出结论："上帝无法说'我（Je）'，他没有'我'。上帝不是一个主体，但说出'我思（cogito）'的却是主体。如果你们同意我对'我是我（sum qui sum）'和《圣经》中的'我在（Ego sum）'的相互参照并非纯粹是我的幻想，而是确定存在于文本中的话，那么现在我们必须得出以下结论：这不是上帝，以这种方式表示自己的永远都不是上帝。""归根到底，笛卡尔剥夺、否认了上帝的'我（Ego），我在（Ego sum），我是我（sum qui sum）'，也就是现代术语所称的主体性（subjectivité）。我是一个'主体'，但上帝不是。因此，我是'一个'主体，但这并不意味着，或想当然地被理解为'我'就是'一个'实体。自我（Ego ille）或'一个自我'以某种方式，在对上帝的依赖，甚至是绝对依赖中，与上帝（作为他本身的他者）是相对立的。"

由于巴德尔主张第一人称的"上帝之名"，因而"我就是那

---

① 艾蒂安·吉尔森（1884—1978），法国哲学家、历史学家，法兰西学术院院士，曾在索邦大学、哈佛大学、多伦多及法兰西公学院任教，新托马斯主义主要代表人物之一。——译者注

雅克·拉康的"父姓"——标点与问题
Les noms du père chez Jacques Lacan
Ponctuations et problématiques

个我(je suis ce que je suis)"被视为上帝之名,而拉康对此提出了不同的观点。在拉康的理论中,我就是那个我与主体之间依然存在联系,但此联系较为特殊,它指的是真理,真理会讲话,而主体不可能与他的"我(je)"相一致。另外,拉康还提出,"èhiè ashèr èhiè"除了译作"我就是我"之外,还可以译作"那个就是那个我(je suis ce que je est)"。他还补充道:"比如句中的'是(est)'就是'èhiè',这使我们回到'我(je)'特有的陈述中,正是这个'是(est)'赋予了'我'的话语一种真理的基础。"①

主体与父姓的问题交织在一起,因为任何主体都不能说:"我就是他,父亲"——除非像上帝对摩西那样回答:"我就是那个我。"事实上,上帝没有回答,这个主体无法以第一人称说出自己的姓名,但至少可以讲话。说出父名(Pronom-du-Père)而非父姓(Nom-du-Père),是处理这种可被理解的困难的方式,因此我们可以假设这种困难仅仅通过语言学就可以得到调节。

然而,拉康在其研讨班"认同"中,将专有名词与主体的命名联系起来:"主体就是能够自我命名的人。"在主体自我命名之前,使用自己的名字,目的是成为要表征之物的能指(signifiant),从而起到分化主体的作用。据此,拉康提出了如下字母的表达式,从我思(cogito)的编号开始,用其中一个道一

---

① 拉康:《从大他者到小他者》,1968年12月11日研讨班记录稿,未出版。

(trait unaire),绝对差异来代表我思(je pense),用虚数 $i = \sqrt{-1}$ 代表我是(je suis)①。

正如我们在弗洛伊德的案例中所见,专有姓氏必须包含名字(prénom),或可以用专有名词(nom propre)增加的"命名规则"来分化主体,因为当主体想通过专有姓氏获得自己的身份时,就会遇到一种超越自身之外的限定,这阻碍了主体对自我身份的理解。姓氏与名字来自每个主体的父母,主体通过这种方式获得身份,并直面大他者的欲望(désir de l'Autre)。正因如此,我们把"nomen omen"翻译成"名字决定命运",这也是我们在取名时一般都很谨慎的原因,尽管这种谨慎有时也会产生歧义。中国人的取名文化就是一个很好的例子。②家族姓氏,即姓是通过父系血统获得的,姓氏数量有限,所以同姓的人很多,这就令人苦恼了,因为无论亲缘关系如何,同姓的人都没有权利结婚③。但一个人可以拥有很多名字,比如官名、字、别名、绰号,因为名字不仅代表某个特定的个体,还表达了该个体在社会、家庭、生活年代中的位置等信息。虽然家族姓氏储

---

① 拉康:《认同》,1962年1月10日研讨班记录稿,未出版。
② 参照艾勒东《中国人对姓名的热情》,巴黎:奥比耶出版社,1993年。
③ 此处,作者似乎对中国取名的规则有误解:①同姓并非绝对不能通婚,而是指近亲三代以内。②女孩的名字并非从字典中随意抽取,而是随意取名,有点像日本人姓氏的命名方式。女孩有时甚至没有名字,或名字中承载了对原生家庭中另一个孩子的希望,如"招娣"之类;相反,有的女孩虽然名字并不高雅,但也反映了父母的希望或者大他者的希望,比如"珍""宝""凤",或具有时代意义的"红梅""胜男"等。③误读了"名""字""号","字"的来源很多,大多数并非自己选择,而是尊亲师长赠予,号才是自取的。——译者注

备有限,但名字在理论上是无限的。事实上,名字确实可以从汉语中选择任意字词进行组合,但禁止与直系尊亲重名。男孩们的名字通常被精心设计,而女孩们的名字往往是从字典中随意抽取的。中国女性一直处于弱势地位,杀女婴的现象存在了很长时间。名字选择上的不平等也是这种弱势地位的一种反映。一般来说,中国古人一生中会有几个名字:由父亲或父系家族的长辈,有时是当地的学者为刚出生时的婴儿取名。在7—9岁开始上学时的名字,主要起名人还是父亲,有时是老师。在16岁至25岁之间,自己一般会选择一个"字"作为名字。名字的选择在理论上是无穷的,但取名却需要符合一些规则。名字总是蕴含着一种潜在的含义,即便在使用时并不那么显著,但只要稍加提醒,人们还是会注意到。决定取名时,选择的因素包括主体的星座、出生时刻、过去的家庭背景、身体和道德的品质、对未来的计划或期望、代际间的秩序、辈分等等。所有这些因素都将通过所选文字的意义或书写规则被呈现出来。这些因素的复杂性和隐蔽程度因命名者的意图和文化而异。"例如一对刚刚从北京到巴黎的父母给他们的儿子取了一个新名字'又村',这个名字取自一首(17世纪中国的)名诗:'莫笑农家腊酒浑,丰年留客足鸡豚。山重水复疑无路,柳暗花明又一村',寓意着永远不要失去希望。这句话对中国人来讲就像法国人《狼和小羊》的典故一样通俗易懂。然而,在法国,这对夫妻总被问道：'为什么在名字中有村庄？这可一点儿也不高雅。'"① 如果取名者没有解释，要解读名字中的含义可并非易事。由此可见，名字同时既能展示也能隐藏一种意义，此意义代表了主体身份与命名者的意图。当主体想用自己的姓名称呼自己时，这种隐藏／展示的方式就体现了主体的分化。所以，主体面对的是一种根本性的隐藏，这种隐藏在其自身的身份中呈现出了大他者欲望的一部分。名字中隐藏的部分反射出一种存在的中空（vide central），即是大他者欲望的原动力，然而它却并没有应对的"名"，这也是为什么对于某些中国人来说，"无名"即有名。

主体的分化呈现在名字的隐藏／展现中，使主体进入与其名或别名的关系中。我们可将此视作主体的计谋，正如尤利西斯的故事一样：当尤利西斯漂流到独眼巨人岛时，他和他的伙伴被巨人俘虏了。② 独眼巨人波吕斐摩把他们关在自己洞穴里，吃掉了他的一些伙伴后，尤利西斯设计了一个诡计准备逃脱。他把独眼巨人灌醉，当被问到名字时，他回答："独眼巨人，你想知道我那广为人知的名字吗？我会告诉你的，但你要为此发布通告。我的名字就是无人（outis），是的！我的父亲、母亲及所有人都叫我无人。"1993年12月，韦尔南③在法兰西学院发表

---

① 参照艾勒东《中国人对姓名的热情》，巴黎：奥比耶出版社，1993年，第67页。
② 霍梅尔：《第9章，阿特拉斯》，摘自《奥德赛》，法文版由贝尔那德翻译，巴黎：伽利玛出版社，1955年。
③ 韦尔南（1914—2007），法国历史学家、人类学家、古希腊专家。——译者注

了一篇未公开的演讲，将-ou 和-me 的特殊否定形式进行了对比。-ou 涉及一个真实而独特的事件，在主句中使用。-me 涉及的是一般情况、重复、疑问，用于从句。如果在 ou-tis 中把-ou 换成-me，则成为另一个词 me-tis，意指"诡计"。然而，尤利西斯是一个"狡猾的人"，这是他被众人熟知的绰号。通过回答 ou-tis，他同样也认同自己是一个狡猾的人，并用这一行动证明了隐藏自己名字的诡计。独眼巨人波吕斐摩因此回答尤利西斯："好吧！我会先吃掉无人的所有朋友，最后再吃无人。先吃其他人，这就是我给你的馈赠，我的客人！"① 这个独眼巨人就这样在不知不觉中宣告了他的失败。接下来，尤利西斯和他的伙伴们用木桩戳瞎了波吕斐摩的眼睛后，这个巨人叫来了其他独眼巨人，当其他人问波吕斐摩是谁想要他的命时，他这样回答说："无人［……］，诡计，我的朋友们！是诡计！没有力量，……是谁杀我？无人！"

其他巨人轻快地回应他：

这群巨人齐声道："无人？……对抗你，没有力量？……你一个人？……那就是伟大的宙斯给你带来了不幸，我们对此无能为力：去召唤我们的国王，我们的父亲波塞冬吧！"

说完这些话，他们就离开了，尤利西斯轻声笑道："我的名字是无人，我的机智欺骗了他们！"

---

① "je mangerai Personne"直译为：我会先吃掉无人；意译：我不吃任何人。——译者注

多亏了这个诡计,尤利西斯成功逃脱了。一旦躲开独眼巨人向他投掷的石块,他就说出了自己的真名,他一直保守的这个秘密——独眼巨人曾经怀疑他就是被神谕预言将弄瞎他独眼的海之子,这个来自伊萨卡的男人:尤利西斯。

尤利西斯并不认为利用自己的名字玩弄不择手段的诡计弄瞎独眼巨人唯一的眼睛是不道德的。

隐藏名字或保守秘密也出现在爱慕者与其爱慕对象之间,隐藏爱慕对象的名字被认为是高尚的行为,并且被确立为一种宫廷诗的规则。正如鲁博[①]所言:"女士的名字之所以是秘密,并不仅仅因为它必须被隐藏起来,而是因为这个秘密比名字本身更能揭示出淑女的真实面目,展示她独特的存在。[……]这个被隐藏的名字就是爱的名字之一。当它被著名的吟游诗人吟诵时,就证明它既表达了这位女士的独特本质,也表达了吟游诗人歌曲的歌颂本质。它倾向于表现具体事物的特性与所命名的普遍性品质。"[②]歌曲的形式和专有名词(女士的名字)之间存在着一种联系,这也是吟游诗人歌曲歌颂的特点。在《新生》中,但丁以"爱之盾"和"真理之盾"[③]来描述隐藏女士名字的作用,这些名字通过引起人们的注意,保护了但丁对贝缇丽

[①] 鲁博(1932—),法国诗人、作家和数学家。——译者注
[②] 鲁博:《倒花——吟游诗人的艺术形式研究》,巴黎:拉姆齐出版社,1986年,第269页。
[③] 但丁:《新生》,法语版由佩扎德翻译,巴黎:七星社与伽利玛出版社,1965年,第13页。

彩·坡提纳里[1]秘密的爱，通过将她的名字作为秘密隐藏起来，最终使他在"天堂"中找到了对上帝的虔诚和喜悦。

一个女人可以在自己身上隐藏另一个女人，她可以隐藏上千个女人。

拉康在1957年的研讨班"无意识地构成"一开始就提出了主体的扭结（Le nœud du sujet）和父姓这两个概念，但直到1963年，由于研讨班举办地发生了变动，拉康中断了主题为父姓的研讨班之后，他才赋予这两个概念完整的意义。拉康认为这里的主体与科学的主体一致，它们都是知识与真理分化的结果，比如，笛卡尔在"付诸行动（passage à l'acte）"的命题中产生的我思（cogito）。对于拉康而言，1963年研究的中断，以及1964年成立学派之后，面临的至关重要的问题，就是如何重新将父姓引入科学体系并为之定位。[2]正如拉康在《高级研究学院年鉴摘要》（参见此摘要的第十一卷封底）中写的那样，1964年的研讨班"精神分析的四个基础概念"引发了一个问题，即精神分析是一门科学吗？包含精神分析在内的科学又是什么？其目的是"再次强调笛卡尔式主体的优越性，因为它与知识的主体（sujet de la connaissance）是不同的，它是确定的主体（sujet de la certitude），因而它如何通过无意识提高自身价值的问题

---

[1] 贝缇丽彩·坡提纳里（1266—1290），佛罗伦萨的一位女士，是但丁《新生》的主要创作灵感，她也因此而闻名。——译者注
[2] 拉康：《科学与真理》，摘自《书写》，巴黎：门槛出版社，1966年，第875页。

就成为了精神分析行为的核心"。

如何理解精神分析家的工作对象是科学的主体呢？为什么要将父姓重新引入科学的体系中，这又意味着什么？为什么在1964年出现了建立学派这个转折？这些只是我们尝试回答的部分问题。

前文提及，如果拉康要将父姓"再次引入"科学研究中的话，那就意味着它已经被引入过一次了。何时及如何引入的呢？对此有两种说法。首先是科耶夫[①]的说法，科耶夫是第一位（以古典物理学和现代物理学中的决定论思想）谈论"科学的主体"之人，他认为基督教中道成肉身的教义是现代科学的罪魁祸首："道成肉身是什么？除了使永恒的上帝真正地出现在世俗生活中的一种可能性之外，道成肉身难道不会使上帝丧失其绝对的完美性吗？反之，如果上帝的道成肉身在感官世界中得以存在，不算丧失这种完美性的话，那么这个世界本身就是（或曾经是，或将是）完美的，至少在某种程度上是完美的（另外，没有什么可以阻止我们精确地建立这个世界）。如果像有信仰的基督徒说的那样，尘世的身体（即人类的身体）'同时'可以成为上帝的身体，也就是圣体正确地映照了精确的实体之间永恒的关系，那就没什么可以阻止我们在天堂和人世间寻找这些关系了。"[②]

[①] 科耶夫（1902—1968），一位出生于俄罗斯的法国哲学家和政治家。——译者注
[②] 科耶夫：《现代科学的基督教起源》，摘自《心灵的探险》，巴黎：赫尔曼出版社，1964年，第303页。

除了一神教的宗教渊源以外，拉康对此的看法则完全不同。拉康在研讨班"精神分析的目标"中指出："如果没有犹太人给出上帝的信息，科学的到来将是难以想象的。"[①]"严格来讲，犹太人从空无中创造的上帝为科学的对象铺平了道路，正如科伊尔[②]所想、所教和所写的那样。"[③]犹太人创造的上帝具有的超验性破除了自然的权威，使人们不必担心会被混淆为自然元素的诸神报复，从而可以科学地研究自然。自然，从被崇拜的对象变成了科学研究的对象。另外，如果世界是由神从空无中创造出来的，那么我们可以把世界看作一种缺失的东西，这就使它的身份从信仰的对象转变为科学的对象了。因此，宗教通过引入上帝的形象为科学铺平了道路。通过对上帝—父亲的讨论，我们可以确定"父姓"确实是由宗教引入的，而将此术语引入精神分析与科学的关系中，则是"将恺撒的归还恺撒"[④]。拉康之所以讲到"再次引入"，是因为他认为，由于（宗教）权力的

[①] 拉康：《精神分析的目标》，1966年2月9日研讨班记录稿，未出版。
[②] 科伊尔（1892—1964），出生于俄罗斯帝国塔甘罗格，法国科学哲学家、科学史学家。他是第一位提出"科学革命"说法的史学家。——译者注
[③] 拉康：《精神分析的目标》，1965年12月8日研讨班记录稿，未出版。但我们在科伊尔的著作中并未找到拉康表达的观点。
[④] 原文出自《圣经—新约》"Give back to Ceasar what is Ceasar's and to God what is God's"。不满于耶稣所传教义的人士提出问题为难耶稣，即如何处理宗教与世俗政权的关系，耶稣作出的回答是："上帝的归上帝，恺撒的归恺撒。"这句话的意思就是铁路警察各管一段，井水不犯河水，就是要分开精神权力和世俗权力。因此，在西方社会中，教会和国家分化了。而分化的关键在于独立教会的形成，其特征在于：统一的超世俗信仰、规范的宗教生活、严密系统的教会法、高度组织化和具有相对独立性的教会组织。——译者注

丧失，父姓也丧失了权力，现代科学在17世纪被建立起来，结果就是，精神分析所有的困难都集中在如何协调父姓问题与科学的使命上。

为了阐述父姓的问题，我们将按照时间顺序，依据拉康思想发展的阶段，以及他在每个阶段产生的理论、机制与个人关注点，或多或少地解决相关问题。接下来，我们将特别研究几个主题，并围绕这些主题再次确认几个问题，最后我们提出一个联合概念：被假设应知的主体的父姓（Nom du père sujet supposé savoir），以便于更好地阅读拉康的文本与几则临床案例。虽然一开始是按时间顺序进行的，但由于总是常常出现回忆和预测，我们的研究方法很快被证明无法按线性方式进行。在试图遵循拉康的路径时，我们似乎也在创造一种叙述形式，"在这种叙述形式中，叙述本身成为了相遇的地点"[1]，正是叙述形式定义了精神分析。

---

[1] 拉康：《欲望及其阐释》，1959年7月1日研讨班记录稿，未出版。

父姓概念的初步形成(1951—1957)

父姓概念的初步形成（1951—1957）

根据我们现有的资料，拉康最初使用术语父姓（Nom-du-Père）是在1951年。该术语出现在拉康当年为弗洛伊德的"狼人"[1]案例举办的研讨班中，即众所周知的以谢尔盖·潘克杰夫[2]为原型的病史研究。

拉康表明，引导这位俄罗斯移民人生的是寻找一个象征界的父亲，他真正的父亲太过慈祥，因此只能通过象征界的父亲来履行真实父亲遗弃的阉割功能。对这位移民来说，牙医才是扮演这一角色的人，他越是不信任牙医，反而越会向他倾诉内心的话。除了象征界的父亲，拉康还区分出想象界的父亲角色，依据想象性的、碎片式的关系被选择的这两种角色都是致命的父亲角色。由于原初场景等同于主体的原始碎片化，主体为了消除焦虑，选择的这两种父亲的类型与原初场景的意象连接在一起，使主体持有一种消极态度。主体对象征界父亲的追寻导致了阉割恐惧，这种恐惧使狼人形成了原初场景中想象界父亲的形象。

---

[1] 弗洛伊德：《精神分析五案例》，法文版由波拿巴和勒文斯坦翻译，巴黎：PUF出版社，1967年。拉康：《狼人》，1951—1952年研讨班记录稿，未出版。
[2] 谢尔盖·潘克杰夫（1886—1979），出身俄罗斯帝国时期的贵族，在俄国内战之后，定居维也纳，是精神分析家弗洛伊德著名病例《狼人》的原型。——译者注

拉康在阐释这一案例时，认为主体会在这三种父亲类型：实在界、象征界、想象界的父亲（réelle, symbolique, imaginaire, de pères）之间进行即时置换（permutations）和增补（suppléances）：当缺失了实在界的父亲时，象征界的父亲就会被召唤而来；当象征界的父亲无法确保实行阉割（castration）功能时，想象界的父亲就会出现。

父姓这一术语在以上这种方式的运作关系中占有一席之地，但其中包含了一种奇怪而略带贬低的意味，似乎是一种象征界父亲退化的产物："他（狼人）从未拥有过象征界的父亲和具象化的父亲，取而代之的是，他被赐予了一个父姓。"

拉康并没有解释父姓这个新术语是如何被引入精神分析领域的。他仅仅提示我们，此术语来源于宗教，但却没有具体说明是哪种宗教。[①] 不过我们还是可以轻易地分析出这一术语源自基督教，因为基督教承认耶稣是上帝之子，也就是说，耶稣出现的使命与上帝的父亲身份是结合在一起的。"天父（Père）"是最能表示上帝存在的名称，因为上帝在《新约》中表示耶稣就是天父唯一的儿子。耶稣是上帝启示的活生生的体现，他以父姓行事[②]，基督的信仰者们应当赞美上帝之名。关于天父身份

---

① 拉康在"狼人"研讨班上这样说："教宗传授给孩子的是父亲和儿子的姓名。"摘自拉康：《书写》，巴黎：门槛出版社，1966年，第556页。我们同样还读到："这很清楚地表明，归属于父亲的生育权只可能是一种纯粹的能指，不是对实在父亲的承认，而是宗教授予我们对父姓的祈求。"

② 参见《新约》，圣约翰的第十四福音书。

的神学讨论强调了此身份具备的象征意义的重要性。在公元325年，第一次尼西亚公会议[①]上，阿利乌斯[②]认为圣子并不是由上帝创造出来的，而是由教义孕育而生的。否则，这意味着圣子之前并不存在，而是从虚无中被创造出来的（就像亚当一样），孕育则意味着他是永恒的。圣子与圣父是同源的，尽管他们并不是同一个人。父亲身份获得的神圣象征意味非常明确，并且言出法随，尤其体现为天父（Père）就是姓（Nom）。

事实上，上帝的父亲身份是一种精神上而非肉体上的身份，不同于某些古代异教的情况（比如巴勒就是色情崇拜的对象）。因此，父姓这一术语并不是一出现就被引入到了阳具力量（puissance phallophore）的范畴中，它有别于《图腾与禁忌》中享有所有女人的父亲。不同于弗洛伊德使用精神分析和俄狄浦斯的故事来定义上帝，拉康反而将这个宗教术语引入到精神分析中，以便于分析俄狄浦斯的悲剧。依据弗洛伊德的观点，上帝是那个最原始的父亲被杀之后的形象，是悼念的替代品，同时也是最初谋杀赎罪意图的象征。

父姓更接近上帝之名，而非原始部落的父亲，在此意义上，父亲是去性化的。因此，它拥有一种升华的形式：父姓，在其能指的功能上"介入了一种对父权结构化的方法，如同升

[①] 《全基督教理事会》，第一卷，阿尔贝勒主编，米蒙翻译，1994年。
[②] 阿利乌斯（250—336），领导阿利乌斯教派的早期基督教人士。——译者注

华"①。这个弗洛伊德理论中的次要概念，在拉康的精神分析理论中却是第一位的，并且拥有最高权位。与弗洛伊德相比，拉康将父亲的概念从宗教转置到了文明的概念中。

虽然在《旧约》中，尤其在上帝作为宗教导师的责任方面，其父亲的角色非常突出，但把上帝视作父亲还是少见的。上帝的父亲身份主要被应用于集体层面。上帝被称为以色列的父亲，是因为这位父亲体现了领导者和保护者的价值，而非像《新约》中那样具有孕育的价值。②

拉康以上帝之名为基础对父姓进行了第二次质询，他特别参照了《旧约》中在西奈附近的霍雷布山上，上帝与摩西的对话。如果《新约》将父亲与其姓名的问题联系在一起，那么拉康则是在《旧约》的基础上对"姓名"质疑问难，因为姓名本身就已经去除了孕育的意义，甚至消除了精神上的美德。

继"狼人"案例后，拉康又研究了弗洛伊德的案例"鼠人"，并在1953年3月4日发表了一篇题为《神经症的个人神话》③的文章。父姓，再次以一种短暂的方式出现在实在界、象征界、想象界的父亲的结构中，他使用这一结构重新分析了该案例。拉康证明，精神分析的经验是在"总是衰弱"的父亲形象和"在无知者身上建立起的基本人类关系之上的主人"形象

---

① 拉康：《精神分析的伦理》，巴黎：门槛出版社，1986年，第171页。
② 参见《神话与历史中父亲的形象》，休伯图斯·特伦巴赫主编，巴黎：PUF出版社，1983年。
③ 拉康：《神经症的个人神话》，摘自《奥尼克杂志》，第17/18期，巴黎：利兹出版社，1979年。

当中积累起来的。我们认为，这种形象上的区分处于父姓与被假设应知的主体之间。至于父亲，在神经症的案例中被"分成两部分"：想象界的父亲和象征界的父亲。想象界的父亲被纳入想象性的关系中，而象征界的父亲则成为由文化决定的具有象征性功能的化身。

在关于"狼人"案例的研讨班上，父姓代表了一种象征性功能的低等级，是一种权宜之计："假设父性功能（la fonction paternelle）预示着一种简单的象征性关系，那么在这种关系中，象征界将会完全覆盖现实。父亲必须不仅仅只是父姓，他还需要代表其功能中凝结的象征性价值的全部。"父姓征服了"全部"的象征界维度后，随之而来的是它与象征界的连接问题。我们不禁会问：是否父姓永远都被烙上了这种原始的贬值性意义的烙印。

我们可以看到，拉康利用两种轴线引入了父性功能的定位。一个是作为父姓，这个仍然晦涩不明的术语；另一个则是更加明确地分为实在界、象征界、想象界的父亲的三元结构。他在其研讨班"客体关系"中说道："事实上，我们从第一年的研讨班就开始学习在实在界、象征界和想象界的父亲这三元结构中，去区分处于冲突中的父亲带来的影响。我们清楚地看到在'狼人'这一案例中，如果没有这种本质上的区分，就不可能确定

雅克·拉康的"父姓"——标点与问题
Les noms du père chez Jacques Lacan
Ponctuations et problématiques

接下来一年对此案例的研究方向。"[1] 1951年，拉康已经确立了实在界、象征界和想象界的三种范畴，但他却分开使用它们。1936年，拉康在《镜像阶段》中引入了想象界的概念，但该文章却从未被发表。1948年，他在《家庭情结》中再次提到了该主题。象征界的概念则出现在1949年他重新撰写的《镜像阶段》一文中。[2] 拉康从克劳德·列维-斯特劳斯献给索绪尔的文章《象征的功效》中借用了象征界的概念。[3] 拉康在他的文章中谈到了"符号矩阵""符号效能"和"符号转换"概念，但与我们认为的不同，"想象界"一词只作为形容词使用过一次。拉康先后而非同时使用了实在界、象征界和想象界这三个术语。[4]

但是，如果三元范畴并非父性功能问题的来源，我们则可以断言是这个问题促成了三元范畴，使它们作为三元结构同时集结在一起。[5] 对于父亲这一概念的反思带来了实在界、象征界和想象界的父亲，反之，由于父性功能的定位具有相对独立的

---

[1] 拉康：《客体关系》，巴黎：门槛出版社，1994年，第200页。萨福安在鲁迪内斯科的著作《精神分析的历史》中证明了拉康的这一说法，《精神分析的历史》，第二卷，巴黎：门槛出版社，1986年，第298页。
[2] 拉康：《精神分析经验的揭示：镜像阶段形成了"我（je）"的功能》，摘自《书写》，巴黎：门槛出版社，1966年。
[3] 参见克劳德·列维-斯特劳斯《象征的功效》，摘自《结构人类学》，1949年，巴黎：波隆出版社，1958年。
[4] 拉康：《RSI》，1975年1月13日研讨班记录稿，未出版。
[5] 在此过程中，我们对朱利安博士在《拉康三元论的起源》中的观点进行了一定程度的修改，根据此论点，拉康发明了这三个名称：实在界、象征界、想象界。这三个名称是为了描述父亲，并且更清晰地解读了弗洛伊德关于父亲的文本。《拉康三元论的起源》，摘自《弗洛伊德研究》杂志，第33期，以及《绝望的弗洛伊德—拉康派》，摘自《精神分析引论》，第19期。

特质，又构成了这个实在界、象征界和想象界的三元结构。

鉴于拉康从一开始就在父性功能的定位中引入了这两个轴心，也就是指父姓与三元结构中的父亲，这就产生了它们之间如何衔接的问题。这个问题从一开始就存在，并且在拉康的整个教学生涯中不断被提及，尽管直到1975年"实在界、象征界和想象界"（简称："RSI"）的研讨班中，他才将这个问题以局部的方式呈现出来。该问题可以有几种表达方式：实在界、象征界和想象界的父亲之间的衔接是否可以被概括为父姓？父姓是否等同于"象征界的父亲"？如果是，为什么要保留另外两个不同的术语？是否有必要将术语父姓与想象界的父亲和象征界的父亲区分开？此问题重新回到了复数形式的父姓（les noms du père）和单数形式的父姓（Nom-du-Père）之间的关系上，因为拉康保留了这两种用法。

术语"父姓（Nom-du-Père）"的单数形式，通过实在界、象征界、想象界以及三个维度的确立，对抗了父性功能消失的运动。我们追溯的正是这场对抗的历史。我们可以认为当拉康在1963年宣布举办标题为"父姓"的研讨班时，他就已经意识到这种对抗了。至少我们可以从拉康在1975年时回顾的内容推断出，当时他正在解决这个问题："就今年涉及的实在界、象征界和想象界的交织问题来说，是否需要这个增补功能。简而言之，也就是第三个圆环？而这个圆环的确表示了所谓的父性功

雅克·拉康的"父姓"——标点与问题
Les noms du père chez Jacques Lacan
Ponctuations et problématiques

能。"①

我们通过阅读拉康在1953年至1963年之间的研讨班记录稿，发现只有通过实在界、象征界和想象界（简称：RSI）的概念，才能找到解决此问题的前提条件。由于拉康直到1963年才提出了这个我们明确表示过的问题，因此可以认为他在1975年才解决了它的不合理性。另外，我们并不清楚他究竟是如何看待他在1975年解决这个问题的，但对我们来说，此问题早已存在于他在1951年至1953年讨论的这些术语中了，因而我们看待该问题的视角与拉康的视角必然存在差距。

首先，我们注意到，尽管拉康没有详细论述父姓，并且对此概念的论证有所保留，但他却一再强调它的重要性。拉康在《罗马的演讲》中指出了它的重要性："正是在针对父姓（les noms du père）这一概念的研究中，它使我们认识到象征性功能的载体，自人类历史之初，它就将父亲个人与律法的形象等同起来。"②但这却是全文中唯一一处提及此术语的地方。

与此同时，实在界、象征界和想象界作为三元结构被拉康构建起来。我们可以说，拉康在其生前未出版的标题为《实在界、象征界和想象界》（简称：《RSI》）③的文章，以及1953年7月8日的研讨班中宣布了此三元结构的诞生。精神分析治疗的

---

① 拉康：《RSI》，1975年2月12日研讨班记录稿，未出版。
② 拉康：《书写》，巴黎：门槛出版社，1966年，第278页。
③ 参见《弗洛伊德协会公报》，1982年，第1期，以及《欧洲语言协会内部公报》，第3段，1987年2月。

展开呈现出一种在RSI之间建立关系和进行置换的周期。父姓这一术语在此期间的讨论中也只被提及过一次。

父姓（通过实在界、象征界、想象界的父亲）间接地参与到RSI三元结构的构建中，并从三元结构中获得其独立性之后就消失了。当RSI获得一种数学的基式（Mathème）[1]角色时，父姓（Nom-du-Père）的重要性以一种暧昧的方式被再次提出来，好像拉康无法同时讨论这两个概念。父姓和RSI的领域尚未分开，而且它们的逻辑也并没有统一起来。

在获得理论进展的同时，拉康还参与了一场重要的体制变革。他在1953年与法国精神分析协会（简称：SFP）决裂后，加入了巴黎精神分析协会（简称：SPP）。从表面上看，决裂的理由并不是理论解释的分歧，而是拉康认为精神分析机构的功能和创建过于医学化了，过分突出了名流学士。但同时我们也敏锐地发现，在拉康与SFP产生体制分歧的同时，父姓问题也并未得到理论上的明确解释，也许最终决裂的原因正在于此。[2]

---

[1] Mathème：基式，巴迪欧提出了一个概念：数元（matheme）。这个概念实际上可以追溯到古希腊时期，这个词的古希腊拼法是"uaonwa"，最早为毕达哥拉斯学派所应用。拉康在1971年借用并重新发明了此术语，表示精神分析概念与代数相关的形式化，目的是传授精神分析。发明此术语的同时，他也发明了波罗米结与实在界、象征界、想象界的概念；基式是一种象征性秩序的逻辑语言模式。波罗米结是一种基于拓扑的结构模型，并实现了从象征界朝向实在的根本性移置。比如1971年12月2日的"精神分析家的知识"讨论班上，拉康是这样定义此术语的："我说，那种定义了论调的东西，正是与话语对立的东西，因为它就是基式。我认为正是它决定了话语的方式，决定了实在。"——译者注

[2] 另外，此时的拉康已经将理论教学纳入精神分析家的培训中了："教学经验、督导下的分析与理论教学是精神分析协会承担和认可的三种培训形式。"——拉康，摘自《教育委员会教义和规则》，1949年。

在拉康的研讨班中，父姓与RSI概念的更迭

在研讨班"精神病"中，拉康针对弗洛伊德的案例"史瑞伯"[1]进行了分析，由此明确提出了父姓的概念。他对这一概念的论证发表于两年后的一篇题为《从初期问题到精神病的所有可能性治疗》的文章中，并随后在其研讨班"无意识地构成"中引用了以上文章中关于父姓的全部论证。[2]

父姓的概念在这两个阶段获得认证之后，就被搁置了很长一段时间，在此期间，拉康有条不紊地进行了开办研讨班、出版专著、建立机构等一系列活动。

拉康在"精神病"研讨班上的一句话可以说明父姓的重要性："在父姓之前是没有父亲的，只有其他各式各样的形象。弗洛伊德撰写《图腾与禁忌》，是因为他认为自己窥见了一些东西，但可以确定的是，在与父亲相关的这一术语没有出现在某些范畴中时，从历史观点来看并不存在父亲。"[3] 当一些能指进入语言，并在文化中流通起来时，事物的现实性就被改变，不再是原来的样子了。对拉康而言，父姓的引入意味着一种开端：

---

[1] 史瑞伯（1842—1911），德国法官。他闻名于弗洛伊德根据他的自传《一个神经症患者的回忆录》进行的案例研究。——译者注
[2] 参见1972年出版的«L'étourdit»中，摘自《西利色》，巴黎：门槛出版社，1973年。拉康将他对父姓的概念写入《从初期问题到精神病的所有可能性治疗》一文中。我们要补充的是他有理有据的导言。
[3] 拉康：《精神病》，巴黎：门槛出版社，1981年，第344页。

父姓概念的初步形成（1951—1957）

提及弗洛伊德是为了表明他使用的父姓这一术语与弗氏的父姓概念有区别，甚至是对弗氏的这个概念的质疑。

在"精神病"研讨班上，拉康特别使用了"父亲（père）""成为父亲（être père）""父亲的功能（fonction du père）"等术语，而很少使用父姓①（Nom-du-Père），只有在其文章《从初期问题到精神病的所有可能性治疗》中，他才将这种父亲的隐喻形式化。在此研讨班上，"父亲"或"成为父亲"指的是在生育中发挥主要作用的人："我甚至不是在谈论'成为父亲'这一术语隐含的所有文化共同性，而只是讲生育意义上的父亲。[……]主体可以很清楚交媾是真正的生殖起源，但是作为能指的生殖功能则是另外一回事。"② 诚然，这代表了一位阳具式（phallophore③）的父亲。其重点并不在于父亲的权力（部落里的父亲拥有全部女人），而在于主观上获得这种权力的方式。与其说这是一个生殖的性现实，不如说是一个如何使主体认识到这是他自己现实的问题。

拉康认为"父亲"的"能指含义"与"生殖器"、阳具权力

---

① 拉康：《精神病》，巴黎：门槛出版社，1981年，第218、344、355页。
② 同上，第329页。
③ 在古希腊语中，又称为phallophorias（阴茎载体），是为了纪念狄俄索斯的游行，在游行过程中，人们抬着巨大的木制阳具，伴随着歌曲行进。这个节日的神话背景是狄俄索斯神被泰坦巨人撕扯碎片并吞噬，只有一个器官被保存了下来，并被雅典娜藏了起来。根据凯雷尼的说法，这个器官在神话中被称为心脏，但这是一个隐喻，意指其最重要的部分，即阴茎，这一坚不可摧的生命真正的象征。在仪式中，公羊被献祭，阴茎被藏起来。然后，在游行中用无花果木做一个假阴茎代替它。——译者注

相去甚远，特别不同于在血统中引入了一种阳具权力的秩序："只有从我们谈论男性及其男性的后代时起，才会涉及一种分割（coupure），即世代的差异性。父亲的能指是一种引入到世系、世代系列中的序列。"①拉康在研讨班"一个不是假装的辞说"中也采用了相同的观点，并且用数字的概念取代了序列的概念。②我们对这一观点的理解如下：事实上，父亲在本质上具有不确定性（incertus），因而才需要对他进行命名。不确定性，即指父亲作为未知者，处于"零"的位置上，而"命名"在"未知""全零"的背景下，将零位指定为"一"，即指定"一位父亲（un père）"。由此，他从"一"个未知者变成"一"个已知者。每次家族内的生育都要重复这样的操作，而且需要一个排序来区分所有的"一"（祖父、子女、孙子女）。

拉康从"史瑞伯"的案例开始引入父姓，他完成的这一步研究工作，标志着这一能指在精神分析理论中未来的命运。确实，拉康正是由"史瑞伯"案例中缺失父姓这一能指的现象认识到它的重要性。③这种缺失被拉康命名为丧失（forclusion），而丧失这一术语的翻译源自弗洛伊德的"德语：Verwerfung"（特别参见"狼人"案例）。拉康认为，精神病的发作及其内在结构是由父姓这一能指的缺失引起的："精神病的发作，是由于

---

① 拉康：《精神病》，巴黎：门槛出版社，1981年，第360页。
② 拉康：《一个不是假装的辞说》，1971年6月19日研讨班记录稿，未出版。
③ 同①，第330页。

父姓的丧失，也就是说，父姓从未抵达大他者的位置，致使主体与象征界对立起来。"① 由于拉康很晚才在研讨班"一个不是假装的辞说"中对这一观点进行修正，因此在大多数读者心中，还是认为父姓能指的丧失与精神病具有因果关联。这开启了对精神病的理解，但也停止了对父姓的理解。如果丧失父姓的影响仅限于精神病，那么理性的诡计则会导致在其他情况下再次丧失这一能指。然而，我们注意到，拉康在研究弗洛伊德使用书写的隐喻，即弗洛伊德在分析自己对遗忘西格诺雷利②之名时，确实证明了精神病中父姓的丧失可能是不同寻常的例外。我们将在后面继续探讨这一观点。

继"精神病"研讨班之后，拉康在"客体关系"研讨班中，颠倒了父姓这一术语与三元结构（实在界、象征界和想象界的父亲）的位置。此时，该术语与在《精神病》③中提到的意义相比发生了改变。相反，三元结构在该"精神病"研讨班中并未被提及，却在研讨班"客体关系"中成为了主要的参考概念。在"狼人""鼠人"和"史瑞伯"案例之后，拉康再次通过对弗

---

① 拉康：《书写》，巴黎：门槛出版社，1966年，第577页。
② 弗洛伊德的《日常生活中的精神病学》一书中进行的第一例关于词和替代词的分析。简而言之，弗洛伊德想不起奥维耶托壁画画家的名字（西格诺雷利），于是产生了用波提切利和博尔特拉菲奥两位画家的名字作为替代的想法。弗洛伊德对自己遗忘的名字的分析显示了从西格诺雷利到波提切利，再到博尔特拉菲奥的联想过程，但这一分析之后受到了语言学家和其他人的批评。——译者注
③ 拉康：《精神病》，巴黎：门槛出版社，1981年。这一术语在其中出现了3次：第324页，第364页，第396页。

洛伊德的案例"小汉斯"的解读，对父性功能提出质疑。在此期间，他唯一遗漏的案例是弗洛伊德的"朵拉"。拉康在1963年搁置了父姓这一概念之后，直到他在1970年到1971年的研讨班"一个不是假装的辞说"和"精神分析的反面"中才再次恢复对父姓的研究，并且将此概念作为他批评弗洛伊德的俄狄浦斯概念的支点。但是，在1951年，拉康专门撰文论述了案例"朵拉"，从纯粹的辩证法角度定义了转移（transfert）的概念。尽管父亲这一角色是这个案例的核心，但拉康并没有提及父姓或实在界、象征界和想象界的父亲这些术语。然而，他将父亲角色视作俄狄浦斯情结中的一种本质，而非普遍标准的观点是错误的。[1]

拉康每次都会通过引用弗洛伊德的案例来发展其父性功能的理论，他认为这些案例非常典型，并且构成了俄狄浦斯情结中父亲的普遍标准。此外，拉康还通过他的实践和理论来质疑弗洛伊德的俄狄浦斯情结的概念。他甚至认为对"所有弗洛伊德的质疑都可以归结为一个问题：是什么成为了父亲？"[2]这句总结本身就是他提倡回归弗洛伊德理论的载体。我们知道，在弗洛伊德的理论中，父姓已经是成熟的概念了。

正如我们所见，在拉康的研讨班"客体关系"中，主要讨论了实在界、象征界和想象界的父亲这一三元结构，父姓本身

---

[1] 拉康：《精神病》，巴黎：门槛出版社，1981年，第223页。
[2] 拉康：《客体关系》，巴黎：门槛出版社，1994年，第204页。

就等同于象征界的父亲。① 小汉斯的恐惧症弥补了实在界的父亲无法让位于象征界的父亲的欠缺，因此弗洛伊德暂时扮演了这一角色，② 尽管他表现得更像一位想象界的父亲。③ 小汉斯的父亲太温和了，并且他的话语没有被母亲关注到，因而她使自己的儿子保持着异想天开的任性。小汉斯请求他的父亲发火，展示出最强的嫉妒（正如小汉斯在1908年4月21日对他的父亲这样说："你生气了。"）④，他需要一位如同《旧约》中妒火中烧的上帝一样的父亲。

在"客体关系"研讨班中，拉康提出将实在界、象征界、想象界的衔接视作阉割（castration）、挫折（frustration）、剥夺（privation）的运作，并用以下表格展示了实在界、象征界和想象界的父亲功能，首次给出了合理的定义。

	施动者	缺失	客体
象征界的父亲	实在界的父亲	象征界的阉割	想象界的阳具
	象征界的母亲	想象界的挫折	实在界的乳房

除非像《图腾与禁忌》一样虚构一个神话结构，否则象征界的父亲是一个在任何地方都不会出现且无法理解的能指。从

---

① 拉康：《客体关系》，巴黎：门槛出版社，1994年，第364页。
② 同上，第324页。
③ 同上，第276页。
④ 拉康引用的是罗伯特·弗利的一篇文章《系统发育与遗传经验》，第XXVII卷，1956年，伦敦，第389页。

词源学上讲，"tutare（拉丁语：保存、防范、避免等）"这个词是由杀（tuer）和保存（conserver）两个词组合而成。首先存在于象征界的父亲：是一个被杀的父亲，然后，这个被杀的父亲作为能指被保存了下来。"唯一一个可以完全符合父亲位置的是象征界的父亲，他能够如同一神教中的上帝那样说——'我就是那个我'。但是，我们在《圣经》中看到这句话，却没有人可以一字一句地读出来。"①

想象界的父亲②，我们再熟悉不过了。这是一个可怕的父亲，如同全能的上帝一样，他保证了世界的秩序，带着攻击性和认同在主体想象性的关系中横行肆虐。我们与这样的父亲陷入了兄弟般的竞争中。最终主体屈服于压抑。

至于实在界的父亲，理解起来则更加困难。他是一位具体实施阉割的施动者，对于陷入与母亲进行阳具游戏中的孩子来说，这个父亲才是母亲的最爱，因为他是阳具的携带者。

我们至少可以从两个角度提出"什么是父亲"这个问题。第一个角度是成为父亲的成年人，他可以说"我是父亲"。这是作为父亲的主观化视角。这就是拉康在"史瑞伯"案例中探讨的观点，为此他使用了父姓这一概念。另一个角度则来自受到父亲影响的孩子。从这一角度出发，拉康在其研讨班"客体关

---

① 拉康：《客体关系》，巴黎：门槛出版社，1994年，第210页。
② 同上，第220页。

系"中，通过对"狼人""鼠人"和"小汉斯"案例的研究，建立了实在界、象征界和想象界的父亲的三元结构。这是一种基于与父亲关系的主体间的视角。① 然而仅从这两个视角来划分"父姓"与这三元结构的功能容易走极端，因为这两者显然是相互交织在一起的。不过，有种观点可以部分解释拉康的交叉概念：第一种观点更加关注父姓，由此概念形成的三元结构在儿童身上构建了一种"基本假设"。这种观点之后受到了拉康的重视，也许是因为他赋予了"假设"的问题和"被假设应知的主体"概念的重要性。

至此，拉康已经明确地定义了实在界、象征界和想象界的父亲，并将父姓与象征界的父亲等同起来，但在之后的研讨班"无意识地构成"中，有些人认为拉康似乎不再将这种特殊的意义赋予父姓了。大错特错！这个术语不仅再次被他采用，并且在此期间，这种三元结构也离奇地消失了。此外，他强迫性地使用某种所谓的父性隐喻（la métaphore paternelle）的书写形式，作为这三次研讨班的小标题，这在拉康的研讨班中是罕见的。

拉康在其文章《科学与真理》②中再次采用了这种表达方式，父性隐喻的公式可以被视作"父姓"首次进入"科学体系"的范畴。因此仅将该术语纳入精神分析家的词汇中是不够的，还必须将其写入一个算法公式中。

---

① 拉康：《客体关系》，巴黎：门槛出版社，1994年，第205页。
② 拉康：《书写》，巴黎：门槛出版社，1966年，第875页。

雅克·拉康的"父姓"——标点与问题
Les noms du père chez Jacques Lacan
Ponctuations et problématiques

$$\frac{父性}{母亲的欲望} \cdot \frac{母亲的欲望}{主体的所指} \to 父姓\left(\frac{A}{阳具}\right)$$

依据拉康的观点,此隐喻模式可写为:

$$\frac{S}{S'} \cdot \frac{S'}{X} \to S\left(\frac{1}{s}\right)$$

父姓的隐喻(La métaphore du Nom-du-Père)被视作持有律法的父亲。① 拉康认为:"此隐喻通过'姓'取代了由于母亲缺席而形成的象征的最初位置。"每一个术语都经过仔细权衡。这里的"姓"并没有取代母亲的欲望,而是占据了这个位置。因此这一位置本身应该首先被象征化。它通过母亲的缺席被象征化了,这就是我们在"fort-da"②的游戏中获得的经验。

父亲是一个隐喻。对于主体而言,该所指一开始是未知的,隐喻在这个位置上制造了阳具,于是 S(1/s)的含义与语言学的能指/所指(简写为:S/s)的关系是不同的。S(1/s)表示能指与所指并不是固定在一起的(不同于符号),而是在所指的限定中,一个能指与另一个能指联系起来,所指作为信息从大他者的位置,以一种倒置的方式到达主体。A/阳具(Phallus)意指大他者的特殊性在于它在"用阳具填补缺乏欲望的能指的位

---

① 参见贡特《父性隐喻》(«Métaphore paternelle»),摘自《弗洛伊德的贡献》,总编考夫曼,巴黎:博尔达斯出版社,1993年。
② 弗洛伊德观察到一岁半的孙子独自一人时会玩一种游戏:首先,孩子会把一个拴着绳子的线筒扔出床外,当它消失时,孩子会发出"o-o-o"的声音,当他拉动绳子收回线筒时,会发出"da"的声音。孩子妈妈向弗洛伊德解释说,"o-o-o"的意思是离开了,"da"的意思是在这里。这就是fort-da的游戏。——译者注

置,阳具如同能指与所指关系的全权代理人"。在拉康看来,阳具可以依次被视为符号、所指、能指、意义。此处,父姓将阳具作为意义,而非能指。

作为一种算法,这个公式在科学上打破了通常意义上的现实内容。拉康既不是要用它来定义一个正常的父亲,也不是要揭示家庭中占据了父亲位置的人,而是要定义在俄狄浦斯情结中父亲的规范角色。父性隐喻的公式并不适用于现实中任意一种父亲的类型。

乔治·康吉莱姆[①]认为,正常值不能与任意一个平均值混淆在一起,而应归属于个别维度。正常是指有机体在一定条件中建立不同标准,并拥有改变现行标准的能力,它实际上是一种规范能力。健康是一种能够宽容习惯标准被破坏的能力,并能够在新的情境中建立新的标准。"我们可以说,生理学家定义的正常人具有这样一种典型特征,对于他们而言,打破正常规范并建立新的规范才是正常的。"[②] 父姓是一种父亲的规范能力,因为他并不遵照最初的规范,而是要"打破"母性规范,目的在于建立新的规范,他的倒错是根据母亲的欲望建立一种可以变化的新规范。

正如我们所想,在研讨班"无意识地构成"中,拉康明确

[①] 乔治·康吉莱姆(1904—1995),法国哲学家,擅长认识论和科学哲学(尤其是生物学、医学和心理学),法国历史认识论传统的代表人物之一。——译者注
[②] 康吉莱姆:《正常与病态》,巴黎:PUF出版社,1966年,第106页。

地将父姓视为俄狄浦斯情结精炼出来的一个成果，如同一种珍贵的矿石提取物。父亲的隐喻功能是俄狄浦斯情结的核心，也是其唯一的源泉："如果没有父亲，那么就不存在俄狄浦斯的问题；反之，俄狄浦斯就是将父亲的功能作为一切的根本。"[①]"我确定已经找到了一个重点，即父亲的功能作为广为人知的隐喻结构，蕴藏着俄狄浦斯情结及其起源、阉割情结的所有明确阐述的可能性。"[②]

但是，父性隐喻（métaphore paternelle）的建立并非唯一阅读弗洛伊德案例的方式。另外，在拉康的研讨班"无意识地构成"中并没有阐释任何弗洛伊德的案例。在《从初期问题到精神病的所有可能性治疗》一文中，拉康讨论了父性隐喻和"史瑞伯"案例的关系，但在研讨班中却未提及。在该文章中，他提到了弗洛伊德关于俄狄浦斯情结的理论性文章，尤其是《俄狄浦斯情结的衰落》。在此意义上，父姓采用了新的科学表达方式，旨在取代弗洛伊德的俄狄浦斯理论，拉康声称要将其浓缩为一种在本质上是结构性的东西，父姓包藏着他试图解构弗洛伊德理论的野心。

父性隐喻的同步运作可分为三个连续阶段。[③]在第一阶段，主体认同于阳具，即母亲欲望的客体。父性隐喻即"行动本身

---

① 拉康：《无意识地构成》，1958年1月15日研讨班记录稿，未出版。
② 拉康：《无意识地构成》，1958年1月22日研讨班记录稿，未出版。
③ 同②。

（agit en soi）"。然而父性隐喻标志的象征性位置仍然是模糊的。第二阶段，父亲作为剥夺者介入母亲和孩子之间，"使母亲遵守一种不属于她自己的律法，此律法与现实联系在一起，也就是在现实中，她欲望的客体最终被一个他者占有，而这个他者与她遵守相同的律法"。请注意，拉康在此处的观点与弗洛伊德的不同之处在于，弗洛伊德的禁止是针对儿童的，而拉康的禁止则是针对母亲。这一阶段的有效性取决于母亲对于父亲话语的态度。因此，这并不涉及儿童与父亲的关系，而是由他们与父亲话语的关系决定。最后，第三阶段，"父之言，必有信"。父亲必须证明他有阳具，并且他可以把它给予母亲，证明他是一个"有力的"或"全能"的父亲。儿子将会认同这个父亲，女孩将可以欲望这个父亲[1]。

父性隐喻概念的发展过程似乎一切都很顺利。然而还是出现了一个问题，即该隐喻与剥夺、阉割、挫折这三种运作的联系。拉康认为，这一联系对于俄狄浦斯情结的解决是至关重要的："俄狄浦斯期顺利或不顺利的完结，都是在父亲行使剥夺、挫折、阉割的三种功能水平上进行运作的。"[2] 拉康并没有将这三种运作功能与父性隐喻的这三个阶段联系起来。第一阶段是挫折吗？这一点很值得商榷。第二阶段是阉割或剥夺吗？拉康对这些问题持开放态度："父亲是作为实在，以及'有力的'父

---

[1] 依据俄狄浦斯情结，女孩会无意识地想和父亲结婚，为他生孩子。——译者注
[2] 拉康：《无意识地构成》，1958年1月22日研讨班记录稿，未出版。

雅克·拉康的"父姓"——标点与问题
Les noms du père chez Jacques Lacan
Ponctuations et problématiques

亲进入第三阶段的——这个父亲是出现在由母亲带来的阉割或剥夺之后的［……］"①第三阶段似乎不符合任何一种运作功能。那么是否有其他功能组呢？这三个阶段似乎都涉及了这三种运作功能，比如，我们可能找到所有这些问题的答案，并且合理地解释父姓与实在界、象征界和想象界（简称：RSI）的相关性，但拉康却没有回答。由于这三种功能运作都是由实在界、象征界、想象界这三元结构来调节的，因此我们认为拉康的父姓概念在构建过程中与RSI三元结构是脱节的。

尽管父姓与象征界的父亲通常被看作是相似的，但我们还是发现了这两者之间存在明显的偏差与脱节。拉康在《精神分析的一个重要问题》中指出这一点："谈及父姓的丧失（德语：Verwerfung），我们必须承认，父姓作为能指律法的构建者，加强了大他者位置上的三元象征的能指本身。"②拉康没有说父姓加强了大他者，而是说父姓在"大他者的位置"上加强了三元象征的能指，对应在R图表③中的三元象征，父亲被写作P。

---

① 拉康：《无意识地构成》，1958年1月22日研讨班记录稿，未出版。
② 拉康：《书写》，巴黎：门槛出版社，1966年，第578页。
③ R图表：A表示大他者，P表示父姓，M表示母亲，φ代表想象性阳具，m代表自我，i代表理想自我，I代表自我的理想。——译者注

父姓概念的初步形成（1951—1957）

R 图表[1]

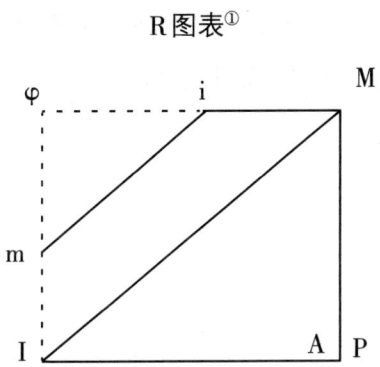

在此意义上，父姓并不等同于大他者中象征界的父亲，但它加强了大他者中父亲这一能指。理解这一点的第一个依据是其表达与书写形式，它写作"父姓（Nom-*du*-Père）"，而非"父的姓（Nom de Père）"。父姓加强了三元象征界的父亲的能指（符号）。

当我们考虑把父姓视为姓之姓的姓（Nom de Nom de Nom）[2]，就能够解释通了。

在此，我们特别注意到"加强（redoublement）"的概念，相对于完整的象征性功能，此概念具有想象性的含义。这表明父姓并不是一种象征性元素，也不能完全被简化为象征界的父亲。父姓，是某物之外的所指。什么意思呢？某物表示一种特殊且可命名的元素，是象征界的一部分，同时也证实了该维度

---

[1] 拉康在《书写》中详细解释了这个R图表，巴黎：门槛出版社，1966年，第552页。
[2] 参见本书第八章。——译者注

的存在。某物之外的所指，抵抗的是仅仅通过实在界、象征界、想象界的衔接来完全承担父性的功能。也许，父姓就是这种抵抗的代名词。

1963年之前"父姓"理论的状态(1958—1963)

1963年之前"父姓"理论的状态（1958—1963）

拉康在1963年11月20日的研讨班"无意识地构成"之后分别举办了5期研讨班："欲望及其阐释""精神分析的伦理""转移""认同""焦虑"。这一时期包括国际精神分析协会始于1959年7月针对拉康进行的调查，同时期他申请加入法国精神分析协会，直至他被驱逐出国际精神分析协会。拉康在这一时期举办的研讨班里既没有正面讨论父姓（除少数例子外），也没有讨论实在界、象征界、想象界的父亲，更没有对弗洛伊德的案例进行深入评论。显然在这个时期，父姓并不是拉康关注的中心概念。然而，对他来说，横向研究和切入点的研究方法非常重要。此外，拉康在其中两期研讨班"转移"和"认同"的参考资料中提到了1963年只举办了一次的研讨班"父姓"。正如我们所见，他在之后的研讨班"精神病"和"无意识地构成"中重点讨论了父姓的问题。

拉康在文章《客体关系》中提出了一个问题："什么是父亲？"以上提及的研讨班给了我们两个方向去思考这个问题。在"精神分析的伦理"和"认同"两期研讨班中，他将该问题置于主体的水平上，主体可以说"我就是父亲"，但却不是指针对孩子的父亲功能。拉康在研讨班"欲望及其阐释"和"转移"中，在悲剧、戏剧、提问法的维度上提出了另外一个方向。在此之外,还出现了一个外部事件:1961年拉康的学生让·拉普兰斯①出版了关于荷尔德林(Hölderlin)②的论文,这是拉康的学生关于父姓的第一部重要作品。

主体、父姓与专有名词之间的特殊因素:道一

拉康在研讨班"精神分析的伦理"中把上帝和父姓的问题重新进行了比较。弗洛伊德在《图腾与禁忌》中将上帝定义为一种回溯性的怀旧形象,即原始部落中被杀父亲的图腾。正如拉康所言,弗洛伊德认为上帝是一个"上帝—症状"③(Dieu-symptôme)。

毫无疑问,由于宗教的影响,父姓这一术语使拉康颠倒了弗洛伊德的线性时间,至少从上帝的核心问题或方法论的视角来看:"弑父的神话确实是上帝已死的时代神话。"④换种说法,在我们生活的时代里,尼采宣布上帝已死之后,才创作了弑父的神话。拉康补充道:"因此上帝已死。他早就死了,他一直都是死的。"⑤正因为上帝一直都是死的,我们才可以相信他的复活。因此,父姓的意义是祝圣一个并不存在的上帝:"但这种意义只有在与父姓范畴的有利条件下才能产生效果(源于主体将

---

① 让·拉普兰斯(1924—2021),法国作家、拉康派精神分析家。——译者注
② 拉普兰斯:《荷尔德林与父亲的问题》,巴黎:PUF出版社,1961年。
③ 拉康:《精神分析的伦理》,巴黎:门槛出版社,1986年,第213页。
④ 同③,第209页。
⑤ 同③,第212页。

爱父亲的欲望正常化），即在上帝不存在的条件下才会有效果。"①

这个悖论之处在于父姓变成了无神论的概念，但同时我们又不能不谈到上帝。因为上帝永远是死的，所以弑父才可被想象……如果我们没有向他告别，那就再次赋予他生命，或者完成哀悼的工作。②

将父姓与上帝的概念进行比较，也使我们可以通过上帝之名再次提出"姓（Nom）"的问题。拉康在研讨班"精神分析的伦理"中第一次提出了此问题，并将上帝回答摩西的"èhiè ashèr èhiè"这句话翻译为"我就是那个我"。③拉康此后一直沿用此译句。摩西对上帝的提问，即意味着他将上帝当作一个主体，一个可被命名的主体。正是在这一时期，拉康从主体的视角出发，将主体这一问题转变为"成为父亲（l'être père）"的问题。在"无意识地构成"研讨班中，拉康将主体变成研究父性隐喻的先决条件。④在"认同"研讨班中，主体、父姓与专有名词的概念之间形成了一种微妙的关系。拉康首次定义了专有名词的特征，明确地指出了父姓中的"姓"作为名词的重要性。

从研讨班"精神分析的伦理"的第一次讨论开始，拉康就承认"主体"和"能指"作为交替出现的概念，在研讨班中占

---

① 拉康：《精神分析的伦理》，巴黎：门槛出版社，1986年，第213页。
② 柏丽：《永别，上帝之死》，巴黎：黎明出版社，1993年。
③ 《旧约》，第三卷。
④ 拉康：《无意识地构成》，1958年1月22日研讨班记录稿，未出版。

有主导地位，并成为研讨的主要脉络，特别在"认同"研讨班里提到了主体与能指的关系。[1]尤其是主体在认同中通过与原始父亲的融合，将父姓纳入到了主体与能指的问题之中，但拉康认为这仅触及了问题的表面。[2]

拉康摒弃了罗素[3]（他将专有名词简化为一种指示代词）和其反对者加德纳[4]（他认为专有名词与关注声音材料是不同的）的理论，同时指出专有名词与书写联系在一起，更确切地说，是与"道一"联系在一起，"道一"构成专有名词的特征："我认为专有名词不可以被定义，除非我们意识到给予名称与某物的关系，此物的根本特质就是文字的顺序。"拉康认为专有名词保持了从一种语言到另一种语言的结构："尽管专有名词出现了一些小的变形——我们把克隆（德语：Köln）称为变形，但它的不同之处在于从一种语言到另一种语言中，它都保持着自己的结构。毫无疑问，这是一种声音结构。这种声音结构的特点是在所有其他结构中，由于专有名词与其直接依附在某种客体上的能指所标记的亲缘关系，因此我们必须维持它的结构。"[5]

我们在引言中已经指出，拉康将专有名词与主体的命名联

---

[1] 拉康：《认同》，1961年11月15日研讨班记录稿，未出版。
[2] 拉康：《认同》，1962年6月20日和27日研讨班记录稿，未出版。
[3] 罗素（1872—1970），英国哲学家、数学家和逻辑学家，致力于哲学的大众化、普及化。——译者注
[4] 加德纳（1879—1963），英国埃及学家、语言学家、文学家和独立学者。他被认为是20世纪早期和中期最杰出的埃及学家之一。——译者注
[5] 拉康：《认同》，1961年12月20日研讨班记录稿，未出版。

系在一起："主体为自身命名。"主体在为自身命名之前，使用姓名的目的是要成为一个特定的能指，这个能指表示的所指，就是分化主体的元素。①

在"认同"研讨班接下来的讨论中，拉康最终依据"所有父亲都是上帝"这一普遍性的命题，将父姓与上帝联系起来。我们可以看到，拉康赞同弗洛伊德的阐释，而没有从"历史"的角度做出解释，但拉康的讨论具有共时性和逻辑意义：父亲与上帝的联系，使父亲成为一个普遍性的命题。拉康认为："这就是我们使用父姓引入的秩序功能，父姓既拥有普遍性价值，也同时使你们、其他人承担起检验的任务，去分辨在这种秩序中是父亲而非其他人。"②正如我们在皮尔斯表盘中看到的，图中父亲的标识为线条：

皮尔斯表盘③

A（普遍的肯定命题）

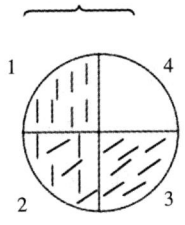

---

① 参见本书引言。
② 拉康：《认同》，1962年1月17日研讨班记录稿，未出版。
③ 美国哲学家、逻辑学家与数学家皮尔斯在十九世纪发明了皮尔斯表盘，旨在表达符号学三分法，即提出假设，进行演绎，完成归纳。——译者注

所有父亲都是上帝＝所有垂直线。

在表盘1和4中，A为真。

拉康认为："'所有的父亲都是上帝'这一普遍的肯定命题在表盘中没有线的部分是有效的，也就是说没有父亲，父亲们只是为了父亲的功能而存在，那么我可以假定，如果父亲功能完全丢失，父亲就不再是父亲了，这也是我在去年的研讨班'转移'最后以'丢失'为主题结束的原因。"[①]

悲剧性的维度

拉康谨慎地继续给予父姓一种"科学"定义的同时，还将父姓的概念与悲剧性的表述并列对比，准确地说，这就是他那"丢失的事业"中的某些时刻。拉康最终在研讨班"转移"的结尾意识到，他在科学的定义与人类欲望的悲剧性体验之间交替进行研究。[②]

为了解释悲剧性的维度，拉康在研讨班"欲望及其阐释"中选择了《哈姆雷特》的悲剧，在研讨班"转移"中选择了克洛岱尔[③]的三部曲：《人质》《硬面包》《受辱的神父》。

---

① 拉康：《认同》，1962年1月17日研讨班记录稿，未出版。
② 拉康：《1961年5月3日研讨班》，摘自《转移》，巴黎：门槛出版社，1991年。
③ 克洛岱尔（1868—1955），汉名高乐待、高禄德，法国诗人、剧作家、散文家、外交官，1895—1909年在中国（清朝）担任领事。——译者注

在此方面，拉康延续了弗洛伊德的观点，将俄狄浦斯的姓名，与他当时正在努力研究的无意识之间进行了连接。对弗洛伊德而言，并不是《俄狄浦斯》这篇神话，而是索福克勒斯的《俄狄浦斯王》(Œdipe roi) 这出戏剧给他留下了深刻的印象。[1]

同时，弗洛伊德将《哈姆雷特》解读为一部"俄狄浦斯式"的悲剧，但拉康在他的研讨班"欲望及其阐释"[2]中对这一观点提出了疑问。他首先强调了阳具是"俄狄浦斯情结衰落"[3]的关键。依据弗洛伊德，在对阴茎的自恋式投注与对父母客体的力比多式投注的冲突中，正是对阴茎的自恋式投注占据优势，使孩子因此而解决俄狄浦斯情结，并臣服于乱伦禁忌，从而拯救了生殖器，却消除了它的功能。在弗洛伊德的基础上，拉康在拥有 (avoir) 和成为 (être) 阳具之间进行了区分。男孩并不是没有阳具。在此背景下，哈姆雷特与阳具的关系不同于俄狄浦斯与阳具的关系。与俄狄浦斯不同，哈姆雷特并没有谋杀他的父亲（国王），父亲的兄弟克劳狄乌斯才是谋杀者。在克劳狄乌斯谋杀了哈姆雷特的父亲之后，阳具仍然存在。克劳狄乌斯化身成为阳具。哈姆雷特为了给父亲报仇，意图杀死克劳狄乌斯。由于阳具只是一个影子，因而他必须将克劳狄乌斯当作真实的

---

[1] 弗洛伊德：《1897年10月15日致威廉·菲利斯的信》，摘自《西格蒙德·弗洛伊德致威廉·菲利斯的信：1887—1904》，由玛松、斯克劳特编辑，美因河畔：费舍尔出版社，1986年。

[2] 拉康：《欲望及其阐释》，1969年4月与5月，特别是4月29日研讨班记录稿，未出版。

[3] 弗洛伊德：《俄狄浦斯情结的消失》，摘自《性生活》，巴黎：PUF出版社，1969年，第120页。

阳具来击杀。莎士比亚的戏剧讲述的是哈姆雷特面对他必须履行的复仇契约一拖再拖的故事。在"墓地"这出戏的场景中,他只是在奥菲利亚的葬礼上体验了一种"哀悼的嫉妒"(依据拉康的说法)之后才实现了复仇的计划。最后一幕,在克劳狄乌斯终于付出生命的那一刻,哈姆雷特的嫉妒才达到了顶点。在墓地这场决定性的场景之后,哈姆雷特并没有为了成为阳具而牺牲自己。他在奥菲利亚身上找回了成为其欲望客体的阳具价值。他仅仅只在这出悲剧的最后才通过献出自己的生命,完成阳具的献祭。

拉康在研讨班"转移"中详细论述了欲望与父亲相关的悲剧维度。戏剧为父性功能的特殊维度提供了一个展示机会,而科学的定义并不能完全表达此维度。另外,在某些具有特殊意义的戏剧中,我们见证了父亲在辞说[①](discours)中位置的改变。拉康认为从《俄狄浦斯王》到克洛岱尔的三部曲都有一个尺度,索福克勒斯的悲剧首先让我们观察到一种"他不知道"的功能,这就是拉康理论意义上主体的特性。俄狄浦斯不知道杀了自己的父亲,与自己的母亲结合,而这就是悲剧的根源。

哈姆雷特与俄狄浦斯不同,他处于第二阶段,拉康的这一

[①] 辞说(discours),依据拉康的定义,辞说超越了言语,却又是言语的决定性条件,它构成了一种社会纽带。事实上,主体在辞说中占据的多个位置构成了这种社会纽带的特点。——译者注

观点与弗洛伊德和厄内斯特·琼斯①的观点相反。哈姆雷特的父亲在戏剧一开始就已经被谋杀了。他的父亲知道自己已经死了,并且不是被自己儿子谋杀的。此外,出现在哈姆雷特面前的是一个被罚入地狱的父亲,正如莎士比亚所言,这位父亲死于罪恶之花:"这里,父亲一开始就知道死亡的真相,对我们来说,被罚入地狱的父亲与他突然的出现难道没有关系吗?"②

最后,第三种情况是克洛岱尔的三部曲中包含了一个弑父事件,我们在其中看到三代人物的命运。拉康详细介绍了克洛岱尔的戏剧中复杂的情节。我们不再赘述,只摘抄拉康解读的要点。女主人公西格娜嫁给了迫害她家人的罪魁祸首图桑·图雷勒,这意味着她接受自己被摧毁,她的良心和信仰被连根拔起。她的牺牲如同一个火红的烙印,死不瞑目,只给她的丈夫留下一个儿子路易。在戏剧《硬面包》中,故事是围绕着她的孩子路易展开的,他是一个不被欲望的客体。路易借着父亲与他的情妇卢米尔玩"投骰子"(赌博)的机会,杀死了他(他用手枪对着自己的父亲连开两枪),之后娶了父亲的另一个情妇西谢尔。最后,《受辱的神父》讲述了欲望是如何在能指的标记和客体的激情中形成的。路易和西谢尔生了女儿蓬思,这名盲人

---

① 厄内斯特·琼斯是英国的神经病学家和精神分析学家,他在20世纪20年代和30年代担任英国精神分析协会和国际精神分析协会的主席。琼斯被认为是弗洛伊德的权威传记作者。——译者注
② 拉康:《转移》,1962年5月10日研讨班记录稿,未出版。

雅克·拉康的"父姓"——标点与问题
Les noms du père chez Jacques Lacan
Ponctuations et problématiques

女孩想嫁给奥里安，但在奥里安死后，蓬思嫁给了奥里安的弟弟奥尔索并诞下一个孩子。

拉康认为克洛岱尔的悲剧与索福克勒斯、莎士比亚的悲剧相比，更加能够证明，自弗洛伊德的俄狄浦斯情结在文化中流传以来父亲所处的位置："当这部悲剧出现在弗洛伊德的那个时代，父亲这一问题就发生了深刻的变化，难道我们不应该问问自己，悲剧中的父亲到底是什么吗？"① 拉康在此主题中似乎保留了《受辱的神父》中父亲的主要概念，但并未进一步明确此概念的特征。我们并不清楚克洛岱尔的戏剧中父亲是指谁：《人质》中的教皇？还是玩投骰子被自己儿子杀死的图桑·图雷勒？尽管拉康对这出戏剧进行了长篇评论，但他并没有像对《俄狄浦斯王》或《哈姆雷特》的戏剧那样，精确地描述出父亲的特征。后弗洛伊德时代的父亲形象仍然相当模糊，最终被归结为一种受辱的神父形象。

对于拉康的这种忽略，一种可能的解释是，无论是在理论层面还是在个人层面，他本人当时都太过于关注父姓的问题了。1960年10月15日，拉康的父亲弗雷德·拉康去世，享年87岁，奥迪内斯科② 把这位父亲称为被拉康的祖父侮辱的父亲。③ 拉康并没有公开谈论过此事。另外，梅洛·庞蒂④ 也在拉康的父亲

---

① 拉康：《转移》，1962年5月10日研讨班记录稿，未出版。
② 奥迪内斯科（1944— ），法国历史学家，精神分析家。——译者注
③ 奥迪内斯科：《雅克·拉康》，巴黎：法亚尔出版社，1993年，第26页。
④ 梅洛·庞蒂（1908—1961），法国著名哲学家，法国现象学运动的领导人物之一。——译者注

去世后的几个月里逝去，拉康在这位朋友的墓前放声痛哭，并在1961年5月10日的研讨班上提到了这位朋友的离世，同一天，他还谈到了克洛岱尔悲剧版的父亲。最后，在1961年12月6日，拉康在他的研讨班上谈到了他对自己祖父的诅咒。

在职业生涯方面，拉康也经历了一场悲剧，因为从1960年起，他成为了国际精神分析协会的成员，这场悲剧在1963年名为"父姓"的研讨班上达到了顶峰。

让－皮埃尔·韦尔南[①]的著作赋予悲剧的意义似乎很适合拉康当时的语境。虽然悲剧是在希腊历史上出现时间很短（4世纪到6世纪末）的一种文学体裁，但它传达了普遍有效的典范特征。希腊悲剧不仅仅是一种艺术形式，它还反映了建立城市的一种社会制度，不是为了映照社会，而是为了提出社会问题。"城市就是剧场。"[②]合唱团的角色是其中一个重要因素。悲剧人物是在两个层面的交界上构建起来的：一个层面是决定角色的个体性格方面，另一个层面是指此角色作为命运玩物的方面，正如韦尔南所言："上演的每一幕戏剧都在展现角色的性情及性格的逻辑，在故事发生的每一时刻，这些逻辑都显示出一种来

[①] 让－皮埃尔·韦尔南（1914—2007），法国历史学家、人类学家、古希腊专家。受斯特劳斯的影响，韦尔南对"希腊神话，悲剧和社会"采用了一种结构主义的研究方法，这种方法本身在古典学者中产生了影响。他是法兰西公学院的荣誉教授。——译者注
[②] 让－皮埃尔·韦尔南、皮埃尔·维达尔－纳奎特：《古希腊的悲剧与神话》，巴黎：弗朗索瓦·马斯佩罗出版社，1972年，第24页。

自外界的力量,是一种代蒙①(daimon)的体现。"②并且,"悲剧本身的维度建立在人类行为与神力的交接处,在此处,人类通过将自己融入超越人类的秩序中,从而逃避了限制,获得真正的意义,而人类作为行为施动者却是无知的"③。另一方面,具有悲剧性讽刺意味的是主人公的话被信以为真,"这种相信反过来阻碍了他,使他体验到一种苦涩的意义,而他却坚持不去承认这种意义"④。表演包含了双重特征,既期待未知,又依赖未知。悲剧与时间的关系也取决于戏剧结束时的紧迫感。⑤

社会行动、个体与命运的二元性、语言的讽刺性、个体与时间的关系……所有这些元素都汇聚在1963年之前拉康经历的悲惨事件中,在此方面,他的性格与悲剧中主角的性格不无相似之处。拉康在研讨班上讨论父亲悲剧的同时,他也攀登上通往分析场景的舞台,在那里,他无可奈何地成为这场悲剧的演员。从索福克勒斯到克洛岱尔,拉康在他的研讨班上对悲剧中父亲这一角色所做的诠释,与他在自己的分析场景中无意识地直接和间接的诠释是密不可分的。特别是拉康在分析场景中发挥了他在研讨班上的作用,即他在研讨班内部宣称的一种诠释

---

① 代蒙(daimon),希腊神话中一种介于神与人之间的精灵或妖魔。它们与神祇的区别在于精灵并不具有人的外貌,而是一种善恶并存的超自然存在。——译者注
② 让-皮埃尔·韦尔南、皮埃尔·维达尔-纳奎特:《古希腊的悲剧与神话》,巴黎:弗朗索瓦·马斯佩罗出版社,1972年,第30页。
③ 同②,第39页。
④ 同②,第35页。
⑤ 雅克琳娜·德·罗米莉:《希腊悲剧中的时间》,巴黎:弗林出版社,1971年。

元素。其研讨班的存在变成一种他在父姓中认识到的悲剧维度，而这种悲剧维度恰好对应了他对科学的定义。

我们将在本书的下一章中看到拉康在1963年的危机中如何与命运纠缠。首先让我们回溯一下拉康在这场危机发生前夕持有的理论立场。

拉康对拉普兰斯的批评

拉康数年以来一直将父姓的问题作为其教学的关键点，并围绕它展开了一系列的讨论。我们认为最重要的是将父姓与实在界、象征界和想象界的父亲这三元结构交织在一起，以及它们产生的问题。这种交织之所以非常紧密，是因为它们不是两个独立的问题，而是同一个问题中更加隐秘的一面。我们在阅读拉康早期的研讨班文稿时会提到这个问题，由于拉康在早期并没有明确使用父姓，那么父姓是否可以等同于父亲三元结构的缩简版？这个问题还有一个子问题：父姓（法语单数大写形式：Nom-du-Père）与父姓（法语复数小写形式：les noms du père）有什么区别？尽管这些问题在拉康早期的研讨班中没有被提出来，但我们还是可以假设，这些问题来源于拉康在其研讨班上教学内容的不一致，而这种不一致作为缺陷对拉康本人产生了推动作用，进而促进他的理论和实践行动，例如促使他发起一个关于"父姓"的研讨班。

此外，一个不容忽视的外部事件也产生了同样的效果。这

雅克·拉康的"父姓"——标点与问题
Les noms du père chez Jacques Lacan
Ponctuations et problématiques

就是拉普兰斯的论文《荷尔德林①与父亲的问题》的出版。他作为拉康的学生，运用父姓的理论撰写出了第一部专著，被收录在拉康的题为《从初期问题到精神病的所有可能性治疗》一文中。拉康对拉普兰斯的这篇论文至少进行了3次评论，比如在"精神分析的伦理"②研讨班，以及在1963年"L'étourdit"③研讨班11月20日的研讨中。

拉普兰斯在其论文中试图"通过荷尔德林一段时期的作品，来理解他走向疯癫、陷入疯癫的演变过程"。拉普兰斯特别关注荷尔德林从1794年到1800年的生活，这段时期也被称为"耶拿的抑郁"④，是荷尔德林最后一次呈现出疯癫的迹象。

荷尔德林在任职夏洛特·冯·卡尔布⑤的儿子弗里茨的家庭教师时，因教学工作遇到困难，在1794年10月自费前往耶拿（德国）进行深造，并与席勒⑥等人相遇。1795年6月，他冲动地离开了这座城市。拉普兰斯认为，他离去的原因与作为父亲形象的席勒的相遇有关，就像拉康将与"一位"父亲的相遇视

---

① 荷尔德林（1770—1843），德国浪漫派诗人。他将古典希腊诗文移植到德语中。其作品在20世纪才受到重视。——译者注
② 拉康：《精神分析的伦理》，巴黎：门槛出版社，1986年，第80页。
③ 拉康：«L'étourdit»，摘自《西利色》，第4期，巴黎：门槛出版社，1973年，第22页。
④ "耶拿的抑郁"是指从1794至1800年，荷尔德林在德国耶拿居住的时期。在此期间，荷尔德林发表了两部作品：《海伯利安》和《恩培多克勒》。——译者注
⑤ 夏洛特·冯·卡尔布（1761—1843），德国作家，曾与诗人弗里德里希·席勒、歌德、让·保罗、荷尔德林等人交往。——译者注
⑥ 席勒（1759—1805），德国诗人、哲学家、历史学家和剧作家，德国启蒙文学代表人物之一，通常被称为弗里德里希·席勒。——译者注

为精神病发作的导火索一样。拉普兰斯总结道，荷尔德林的诗歌创作是"平衡"父姓缺陷"的解决方式"："他（诗人荷尔德林）重新意识到父亲的缺席？是的，但这并不表示这种缺席是其疾病的根源，而表明只有这种'缺陷'才能'帮助'他。缺席是一种缺陷，这使他痛苦。这位'有缺陷'的父亲，难道不正是拉康称为的象征界的父亲，也就是指，在神话中出现的作为人类历史之源的死去或被阉割的父亲吗？那么我们可以说，荷尔德林的诗歌与神话具有平衡作用，因为他通过诗歌与神话拼命地试图建立充满负能量的第三种活动中心。"[1]

尽管拉普兰斯的研究并没有引起拉康极大的兴趣，但还是引发了他的反思。我们确实在拉康的研讨班"精神分析的伦理"中看到了他对拉普兰斯的批评："当我们试图更加清楚地描述'丧失'这一概念时，遇到的困难之一是：如果丧失涉及一个能指的根本性缺席，比如父亲的姓，那么在精神病理学中将很难找到实例。相反，讨论父亲的姓和他的缺席，或许可以找到一个'纯粹'的能指的漏洞，或更确切地说，找到语言的某些弱点。如果语言从一开始就具有意向性，且只有在这种意向性的基础上，我们才可以区分能指和所指，并赋予它们一定的自主性，那么对能指'本身'的思考或许只能代表一种极端抽象的

---

[1] 拉普兰斯：《荷尔德林与父亲的问题》，巴黎：双轮战车与法国大学出版社，1984年，第132页。

雅克·拉康的"父姓"——标点与问题
Les noms du père chez Jacques Lacan
Ponctuations et problématiques

时态，而精神病是无法识别的。当史瑞伯说出'父亲'这个词时，缺少的东西还有待确认。"①

拉普兰斯以父姓（Nom-du-Père）与爸爸的姓（Nom-de-Père②）的区别为基础，提出了非常重要的问题，即"父姓"能指的统一性和独特性的问题，因为对于主体而言，能指背后总有所指。他的回答倾向于将父姓作为一种极端抽象的时态。但是，我们并不理解为什么这一能指的丧失会引发精神病。这难道不正是拉康认为的"将极端的逻辑功能发挥到极致"③的一部分吗？拉康在其研讨班"精神分析的伦理"中，对拉普兰斯的问题作出了简要的回答，表示一个能指从来不会单独出现，而是由3个，甚至是4个为一组的能指同时出现。父姓的丧失因此并不是唯一一个能指的丧失，而是一组至少有3个能指的群组的丧失。另外，父亲的隐喻公式需要能指组合在一起才能发挥作用。另一方面，拉康用来修饰父姓使用的词"姓之姓的姓（Nom de Nom de Nom）"也是一种解释，稍后我们会研究此修饰词。

然而，拉康并没有完全回答拉普兰斯的问题。因为他说的能指并没有考虑到父姓作为能指的特殊性，即它是一个可以被

---

① 拉普兰斯：《荷尔德林与父亲的问题》，巴黎：双轮战车与法国大学出版社，1984年，第43—44页。
② Nom-de-Père，这一法语词组中的"父亲（Père）"一词等同于"爸爸（papa）"。
③ 拉康：«L'étourdit»，摘自《西利色》，第4期，巴黎：门槛出版社，1973年，第22页。

命名的能指。父姓（les noms du père）这一表述也许是解决该问题的方法。但为什么要保留父姓的单数形式呢？

拉康在宣布举办"父姓"研讨班时，曾在黑板上写下"父亲"这两个字！

1963年的危机与巴黎弗洛伊德学校的建立

1963年的危机与巴黎弗洛伊德学校的建立

1963年末1964年初，拉康宣布将要举办一次研讨班，作为法国精神分析协会的教学内容。早在1963年6月3日，"焦虑"研讨班结束时，他就透露了这一精心准备的研讨班的题目就是"父姓"。索兰吉·法拉德[①]证实，当时她看到了厚厚一叠关于"父姓"研讨班的文稿。1963年11月20日，"父姓"研讨班在举行了第一次会议后，拉康便宣布暂停。该研讨班进行了一次讨论之后就停止了！至于是否会永远停止，我们在当时还不得而知。之后几年，每当拉康提及此研讨班时，都一直保持着这一悬念，并没有确认它已经彻底结束了。也许是因为他想要提醒人们，逻辑时间中暂停的意义价值。

由于国际精神分析协会[②]（简称：IPA）针对法国精神分析协会[③]（简称：SFP）的歧视性规定，拉康以停止"父姓"研讨班作为回应。这种回应虽然值得理解，但它却弱化了一项关系到父姓的分析理论、教学分析、精神分析的教学以及精神分析

[①] 索兰吉·法拉德（1925—2004），法国人类学家、精神分析家。她是法国第一位非洲裔女性精神分析家，1983年创立了自己的精神分析协会。——译者注
[②] 国际精神分析协会（简称：IPA），由精神分析学创始人弗洛伊德于1910年3月在费伦齐、琼斯、荣格等精神分析家的提议推动下设立的国际性组织。——译者注
[③] 法国精神分析协会（简称：SFP），成立于1953年，是法国精神分析专业机构，由从法国精神分析家创立的巴黎精神分析协会中分离出来。——译者注

071

家之间关系的重要议程。

被逐出IPA的拉康，SFP的分裂以及EFP的建立

如果我们想要厘清拉康被逐出IPA的始末，那么首先需要回顾导致他像斯宾诺莎一样被排除在犹太社区之外的原因。在漫长的问讯结束之后，拉康最终还是被排除在SFP的教学分析家的名单之外。

这次事件始于1959年7月（当时拉康刚刚结束他的研讨班"欲望及其阐释"），在哥本哈根举行的第21届国际会议上，SFP申请加入IPA。IPA因此成立了一个调查委员会，由出生于法国的皮埃尔·图尔凯[1]，他曾在二战期间对英国的精神病学进行了改革，以及曾是梅兰妮·克莱因[2]学生的保拉·海曼[3]和另外两名精神分析家组成。图尔凯和海曼赞成法国SFP的加入。[4]但是，拉康的分析晤谈时间、分析者的数量，以及允许分析者参与其研讨班的问题成为他们谈判的核心（按奥迪内斯

---

[1] 皮埃尔·图尔凯（1913—1975），英国精神病学家、塔维斯托克诊所的精神分析家，尤其擅长研究群体关系。——译者注
[2] 梅兰妮·克莱因（1882—1960），奥地利裔英国精神分析家，从1925年起成为20世纪英国精神分析运动的重要人物。——译者注
[3] 保拉·海曼（1899—1982），德国精神病学家、精神分析家，她将反移情现象确立为精神分析治疗的重要技术。——译者注
[4] 奥迪内斯科：《雅克·拉康》，巴黎：法亚尔出版社，1993年，第326页。

科的说法，这是一场"伟大的博弈"）。[①]勒克莱尔[②]和格拉诺夫[③]代表SFP与IPA进行谈判时，令图尔凯相信拉康会妥协。因此调查委员会对拉康的分析者们和其流派的分析家们进行了多次问询，这一过程对双方来说都异常艰难。拉康曾向勒克莱尔抱怨这些"折磨人"的条件。[④]

此调查委员会于1961年8月2日提交了第一份报告《爱丁堡建议书》（此时拉康刚刚结束他的研讨班"转移"）。该报告以监督SFP为名，实际目的是排挤拉康和弗朗索瓦丝·多尔多[⑤]。以下是此报告的摘录：

1. 所有教学式分析都必须以最低每周4节课的频次进行。
2. 所有精神分析晤谈都必须不得少于45分钟／次。
……

7. 分析者参加其分析家的讲座必须按照报告中规定的流程向（IPA）研究委员会申请，获取研究委员会的授权才可参加；在任何情况下，分析者都不得在其个人分析进行时参加自己分析家的讲座，否则必须按照报告中规定的程序通知研究委员会。
……

---

① 奥迪内斯科：《雅克·拉康》，巴黎：法亚尔出版社，1993年，第328页。
② 勒克莱尔（1924—1994），法国精神病学家、精神分析家，是法国第一批拉康派精神分析家。——译者注
③ 格拉诺夫（1924—2000），法国精神病学家、精神分析家。他的家族是来自俄罗斯的知识分子，后移民到阿尔萨斯生活。——译者注
④ 《驱逐》，摘自《奥尼克杂志》，第8期副刊，巴黎：利兹出版社，1977年，第91页。
⑤ 弗朗索瓦丝·多尔多（1908—1988），法国儿科医生、精神分析家、儿童精神分析家。——译者注

13. a) 多尔多和拉康博士应逐步离开培训计划，不应当再继续新的精神分析教学或精神分析家的督导工作。b) 目前所有正在接受多尔多或拉康博士分析或督导的候选人需要做出调整，应该与咨询委员会进行讨论。①

拉康痛苦地承受了这一打击，但他与勒克莱尔、格拉诺夫一致认为这场博弈仍未见分晓。新一轮的调查和谈判开始时，勒克莱尔、格拉诺夫承诺会尊重《爱丁堡建议书》。② 1962年9月21日，玛丽·波拿巴③死于白血病。1963年1月，勒克莱尔被推选为SFP的主席。5月，图尔凯在巴黎宣读了一份新的初步报告，佩里埃④做了记录。这份报告的语气明显变得更加强硬：

拉康作为SFP中招收新成员的负责人，他的观点将接受拷问。

他对于弗洛伊德的研究过于狭隘……特别是针对弗洛伊德早期的作品……强迫性地研究中世纪文书工作……

不要求拉康停止其研讨班，但不能将其研讨班纳入SFP的教学计划中。

研究委员会否决现有的学员们参加拉康的研讨班。

---

① 《驱逐》，摘自《奥尼克杂志》，第8期副刊，巴黎：利兹出版社，1977年，第19—20页。
② 《驱逐：1962年7月31日的信件》，摘自《奥尼克杂志》，第8期副刊，巴黎：利兹出版社，1977年，第38页。
③ 玛丽·波拿巴（1882—1962），法国精神分析家，与弗洛伊德交往密切。她促进了精神分析学的大众化，并曾帮助弗洛伊德逃离纳粹的迫害。——译者注
④ 佩里埃（1922—1990），法国医生，精神科医生和精神分析家。——译者注

无论现在还是将来，拉康都不适合成为教学者。必须制定相应制度保障将他永远被排除在外。同时必须遏制他谋取更高职务的企图，最好因此形成对其不利的意见。

拉康作为教学者是一种威胁，因此我们必须拯救其学员们，并制订一项将他们转介给其他教学者的计划。同时有必要制订一项完整计划，以便在最终得到SFP的同意之后，将拉康永远排除在教学之外。

应将拉康作为一名普通的协会成员，让他以自己的方式安静地工作。①

1963年6月27日，拉康给海曼写了一封长信，对调查委员会的结论提出了质疑，并指责丹尼尔·拉嘉什②剽窃他的观点。③尽管拉康早有不好的预感，但为了阐述自己的学说，仍然坚持参加了同年7月在伦敦举行的国际精神分析大会的预备会议。现场阐述对他来说就是一场灾难。"拉康试图用英语解释主体的分化以及客体的位置，但他找不到合适的英文术语来翻译他称为'剩余'的观念，于是请求现场听众的帮助，却没有得到任何人的回应。他神情庄重地离开会议室，与他的朋友兼学生法拉德会合，法拉德陪他度过了这一艰难的时刻。"④尽管遭受了挫折，拉康还是于1963年7月底前往斯德哥尔摩，参加第

---

① 《驱逐》，摘自《奥尼克杂志》，第8期副刊，巴黎：利兹出版社，1977年，第42—44页。
② 丹尼尔·拉嘉什（1903—1972），法国医生、精神分析家、索邦大学的教授。——译者注
③ 奥迪内斯科：《法国精神分析历史》，卷2，巴黎：门槛出版社，1986年，第356—357页。
④ 奥迪内斯科：《雅克·拉康》，巴黎：法亚尔出版社，1993年，第339页。

23届国际精神分析大会,他也知道无法在那里举办研讨班。同时,他得知自己已经在草拟的《斯德哥尔摩指令》规定的教育者名单中被除名:

以下措施对于保持研究小组的名誉至关重要:

a) 通知SFP协会的所有成员、会员、实习会员及候选人,拉康博士不再具有培训分析家的资格。该通知最迟应于1963年10月31日生效。

b) 请所有正在接受拉康博士培训的候选人向研究委员会报告是否愿意继续接受SFP的培训,所剩余的教学分析将由研究委员会指定一名分析家完成。这一通知最迟必须在1963年12月31日生效。

c) 研究委员会在征得咨询委员会的同意后,将对表示愿意继续接受培训的候选人进行面谈,以确定其是否适合继续接受培训。所有面谈必须在1964年3月31日之前完成。完成上述所有工作之后,咨询委员会将确认候选人的资质,并为其指派新的教学分析家。[①]

这一事件开始快速发酵。1963年10月13日,SFP的议事程序通过,批准了《斯德哥尔摩指令》,将拉康从有资格进行分析教学和督导的正式成员名单中剔除。拉普兰斯于1963年11月1

---

① 《驱逐》,摘自《奥尼克杂志》,第8期副刊,巴黎:利兹出版社,1977年,第81—82页。

日停止了拉康的分析工作。拉康勃然大怒，指责他利用了自己。丹尼尔·维德洛赫①试图让拉康接受此事，而拉康把当时学生们的离开与医学情结、犹太人和父姓问题联系在一起，并愤怒地说："我对你们的态度并不感到惊讶，你们几乎都是医生，我和医生是无法共事的。而且你们也不是犹太人，我和非犹太人也不是同道中人。你们所有人都与自己的父亲有问题，正因如此，你们联合起来对付我。"②

1963年11月10日，在经历了一场激烈的辩论大会之后，SFP办公室决定推迟执行10月13日通过的议事，并于11月19日召开新的会议。会议最终仍以多数票通过了10月13日的议事。勒克莱尔（SFP协会主席）、多尔多（SFP协会副主席）以及佩里埃（SFP协会秘书）同时辞职。拉康当天深夜从勒克莱尔的口述中得知了这一消息，这次投票对拉康来说是决定性的，因为第二天，拉康就暂停了他的研讨班"父姓"。

然而，拉康仍然是SFP的成员，他的拥护者们也开始在SFP协会内部组织起来。身为SFP研究委员会成员的勒克莱尔反对协会的分裂，并对协会中的多数派和少数派进行了评论："由于议事程序的通过，协会经历了一场危机。协会逐渐分裂成两派：一派是多数派，决心优先执行协会隶属的IPA的政策。另一派是

---

① 丹尼尔·维德洛赫（1929—2021），法国精神病学家、学者。他曾于2001年担任国际精神分析协会主席。——译者注
② 奥迪内斯科：《雅克·拉康》，巴黎：法亚尔出版社，1993年，第337—338页。

少数派，首先关注协会内部维持、运行以及促进拉康的原创性。对于新的多数派来说，当前主要的困难似乎是没有真正的领导者，无法组建一个合格的、充满活力并足够协调一致的管理团队。就少数派而言，他们必须抵制分裂的诱惑，同意与多数派展开批判性和建设性的对话。［……］在我看来，协会分成两个'部分'并不意味着分裂，这对开展科学和理性的辩论（比如分析构成的理论）是有益的激励。"[1] 1963年12月11日，SFP协会内部以吉恩·克拉夫勒尔[2]为首的拉康派成员组建了精神分析研究小组（简称：GEP），但其他人却指责他们发动了"派别斗争"。[3]

1963年11月20日，拉康写信给路易·阿尔都塞[4]，希望与他会面。经由阿尔都塞的介绍，拉康在巴黎高等师范学校（简称：ENS）举办了另一个研讨班[5]。研讨班地点的改变使受众也发生了变化，特别值得注意的是，一些学者和其他非精神分析家的涌入。另外，拉康宣布研讨班以精神分析为基础，研讨班的名称和主题也随之发生了变化。因此，他暂停名为"父姓"

---

[1] 《驱逐：勒克莱尔致奈德1963年11月27日信件》，摘自《奥尼克杂志》，第8期副刊，巴黎：利兹出版社，1977年，第115—118页。
[2] 吉恩·克拉夫勒尔（1923—2006），法国拉康派精神分析家，创立弗洛伊德研究与探索中心。——译者注
[3] 《驱逐：SFP于1963年12月通告》，摘自《奥尼克杂志》，第8期副刊，巴黎：利兹出版社，1977年，第123页。
[4] 路易·阿尔都塞（1918—1990），法国马克思主义哲学家，法国共产党。——译者注
[5] 阿尔都塞：《关于精神分析的著作》，巴黎：斯托克与IMEC出版社，1993年，第271页以下。

研讨班的行为并不意味着要放弃（精神分析的）教学，而是放弃关于父姓的教学，至少在基础问题厘清之前不再教授这一主题。

1964年1月15日，新的研讨班开始的第一天，出现了一件极富启发意义的巧合。当天，拉康获准将自己的姓冠于女儿朱迪斯姓氏之前①，此前，朱迪斯的姓是巴代伊。朱迪斯出生于1941年，当时她的母亲西尔维亚尚未与乔治·巴代伊②解除婚姻关系，她没有申请离婚是为了继续享有与非犹太人结婚的战时婚姻庇护法的保护。1962年巴代伊离世后，拉康才开始向法国政府申请与朱迪斯父女关系的合法化程序，③他因此接受了相关调查。这一巧合似乎意味着，当他放弃对公众讲述父姓时，就可以合法地在私人领域里将自己的姓赋予女儿了。当拉康停止讨论父姓时，他反而可以承认自己的父亲身份了。我们将会看到，拉康曾经毫不犹豫地肯定说，他不得不中断关于"父姓"的研讨班绝非偶然，这与他承认自己父亲身份之间的"巧合"绝非无心之举，这二者同时构成了一种"复出"的姿态。

1964年4月，拉康在扩大受众方面又迈出了一步，他与法国门槛出版社签订了一份合同，由他担任主编，编写了一套题

---

① 朱迪斯（1941—2017），法国精神分析家，她是拉康的非婚生女儿，后嫁于雅克-阿兰·米勒。——译者注
② 乔治·巴代伊（1897—1962），法国哲学家，有解构主义、后结构主义、后现代主义先驱之誉。——译者注
③ 奥迪内斯科：《雅克·拉康》，巴黎：法亚尔出版社，1993年，第220—366页。

079

为《弗洛伊德领域》的文集。① 莫德·曼诺尼② 出版了该系列的第一本著作《发育迟滞的孩子及其母亲》。随后，拉康撰写了一部题为《精神分析家的质疑》的作品，但一直未能面世。1965年，他在自己的研讨班上宣读了正在撰写的《真正的精神分析之路》一书的摘录。③ 这本书也许与《精神分析家的质疑》是同一本书。

与此同时，拉康虽然仍是SFP的成员，但他们的分裂也越来越明显。1964年5月，IPA不再承认SFP自1961年7月以来获得的研究小组的地位，哪怕SFP曾在1963年7月有条件地获得研究小组的顺延资格。1964年5月底至7月初，一份由IPA承认的联系研究小组（简称：FSG）人员名单横空出世，名单内都是不支持拉康的协会成员，他们在SFP占多数，控制着整个协会。

以克拉夫勒尔为首的一些拉康的支持者们赞成协会的分裂，希望成立一个新的协会来维护拉康派。值得注意的是，在我们看来，克拉夫勒尔的论点围绕着律法与父亲的关系展开："如果拉康占据了如此重要的位置，那并不是因为他占据了某些神话中父亲的地位，也不是如同我们以为的那样，他向我们口授他的律法。恰恰相反，他并没有充当这些角色，而是在亲自探索的同时，向我们指出通往律法之源的道路，即一切知识的源

---

① 奥迪内斯科：《雅克·拉康》，巴黎：法亚尔出版社，1993年，第422—423页。
② 莫德·曼诺尼（1923—1998），法国比利时裔精神分析家。——译者注
③ 拉康：《精神分析的重要问题》，1965年1月9日研讨班记录稿，未出版。

头。[……]至于我们，作为精神分析家只能依据与连续象征性债务的对比，获得一个合理的位置。我们知道可以质疑这笔债务，但却不能结清它。弗洛伊德和拉康的贡献在于，他们向我们介绍了用于对比的参照物，且对比的程度取决于它对我们隐蔽的程度。[……]因为现在我们可以肯定地说，关于精神分析家候选人的分析，首先是让其意识到自己在亲子关系中的缺失，也就是对父亲的亏欠，而这位被亏欠的父亲永远是一个无法接近的人，永远是缺失的。但正是由于这种缺失，候选人才会理解一种象征性的结构，如果没有这种结构，他将不可能感受（到这种缺失）。"① 而我们质疑拉康的父姓概念，意味着对这位始终无法接近的父亲负有一种隐晦的象征性债务。如果这种拉康式的信仰推动拉康进行分裂，那么我们就可以对拉康派发起的运动产生的影响进行反思：拉康是否也是这种信仰的囚徒呢？

当然并不是拉康所有的支持者都希望协会分裂，特别是奥塔尼·曼诺尼②，他向克拉夫勒尔表达了自己的观点："[……]我没有过多坚持（分裂），因为我错误地相信了发布通告的人是知情且称职的。然而无论如何，我们的表现并不比他们更好，我们从未正确地分析过局势，没有采取必要的选择。我们并不知道要达到什么目的，也不知道要反抗谁，更不知道为什么。

---

① 《驱逐：1964年6月吉恩·克拉夫勒尔在GEP中的演讲》，摘自《奥尼克杂志》，第8期副刊，巴黎：利兹出版社，1977年，第138页以下。
② 奥塔尼·曼诺尼（1899—1989），法国精神分析家、作家。——译者注

081

结果就是出台了一些不切实际的政策，唉！这就是应得的结果。[……]我们将面临两种不利的因素：①我们中的一些人有着与生俱来的紧迫感，它产生的压力驱使他们去'做点什么'来'回应'别人对我们做的事。而他们已经看不到这样回应的好处了。②还有一些人不愿接受被赶下权力和荣誉的宝座，宁愿成立一个小协会，一个可以重新建立这种地位的二流协会。我尝试从多个方面仔细研究分裂可能带来的好处，但却一无所获。"[1]

莫德·曼诺尼随后在《奥尼克杂志》的《驱逐》一文中对分裂的方式提出了异议，她认为奥塔尼·曼诺尼没有考虑到拉康派的反对意见。她指出，SFP利用IPA来掩盖自身内部的斗争，付出的代价是一本失败的关于儿童精神分析的出版物。

1964年6月21日，拉康在众望所归中创立了法国精神分析学校，[2]几个月之后，它被重新命名为"巴黎弗洛伊德学校"（简称：EFP）。同年7月FSG创建了法国精神分析协会（简称：APF），1965年1月19日SFP才宣布将其解散。

一场特别的独立

从以上回顾中，我们可以得出以下观点：首先，拉康从SFP

---

[1] 《奥塔尼·曼诺尼于1964年6月17日致克拉夫勒尔的信》，摘自莫德·曼诺尼《缺失真相的言论》，巴黎：德诺埃勒出版社，1988年，第166—169页。
[2] 参见奥迪内斯科：《雅克·拉康》，巴黎：法亚尔出版社，1993年。

中独立出来的性质。肯尼斯·艾索德①明确了独立的三个原因，分别是分析工作的本质、分析协会成员的特点、精神分析的文化。②在艾索德看来，由于精神分析家们是唯一治疗他们病人的负责人，于是他们的情感被严重地压抑了。分析家们为了使自己不再受忧虑所累，从而求助于理论。在此基础上，理论被理想化了。因此这使分析家保持某种群体身份的同时，也产生了负罪感，从而造成了压力。其次，另外一种因素是在同一机构中的成员之间既是师生也是同事的双重关系，由此带来的不平衡因素又滋生了排外情绪。最终，分析家倾向于把自己封闭在一个不变而刻板的精神分析世界里，贬低外部世界的价值。当这样的分析家批评另一些分析家时，就会将对现实的恐惧投射到他们的领袖身上，并通过确认世界对他们来说是低劣而残酷的，来促成他们担心的独立。对他们而言，宗派的生活似乎比辩论的生活更可取。

尽管艾索德的分析包含了一些相关因素，但还不足以解释1963年协会的独立，因为它并不是一场普通的独立。事实上，这场独立是精神分析运动的第一次重大分裂，而其目的并不是要反对或无视弗洛伊德。在这场独立中提出的学术问题与其他地方发生争论的问题完全不同。1964年，在关于精神分析基础

---

① 肯尼斯·艾索德（生卒年不详），美国精神分析家。——译者注
② 肯尼斯·艾索德：《精神分析机构对多样化的排斥》，摘自《国际心理分析杂志》，第75期，1994年，第785页。

的研讨班上,拉康非常谨慎地表明自己是弗洛伊德派,并主张通过笛卡尔的思想重新回到弗洛伊德的学说中,并断言弗洛伊德的研究方式是笛卡尔式的。以笛卡尔的主体概念为基础回归到弗洛伊德的学说,但在这一过程中,拉康不仅质询了弗洛伊德阐释的传统,同样也质疑了弗洛伊德的文章。对抗这种质疑的正是1963年为拉康带来危机的父姓。拉康曾说过一句非常惊人的话,其重要性从未被估量过,也从未有人回应过:他曾多次声称,之所以无法继续举办关于"父姓"的研讨班,就是因为研讨班的主题。①然而事实上,并没有任何人因为研讨班涉及父亲的姓名而下达禁令(《斯德哥尔摩指令》是禁止他作为教学者去做临床精神分析)。因此,我们除了将之解释为拉康的妄想,还应该将他中断举办"父姓"研讨班的行为看作其言行一致的证明。

这就是为什么我们要将1963年的危机归入父姓的问题中,同时也将父姓的问题纳入这场危机中。换一种说法,如果没有相应行为作为此次危机的标志,那么问题就得不到解决。拉康似乎在研究父姓这一问题时,就曾被警告过所面临的危险。我们可以确定,正是父姓引发了对弗洛伊德欲望的问询。拉康在1963年11月20日大胆地说:"如果弗洛伊德将父亲的神话置于

---

① 参见拉康《精神分析的四个基础概念》,巴黎:门槛出版社,1973年;《从大他者到小他者》,1969年1月22日研讨班记录稿,未出版;《1967年的初步提案》,摘自《奥尼克杂志》,第13期副刊,巴黎:利兹出版社,1978年。

其学说的核心，那是因为这个问题是不可避免的。(谁在替大他者讲话?)同样清楚的是，如果精神分析的整个理论和实践在我们今天看来已经崩溃的话，那是因为我们在这个问题上不敢比弗洛伊德研究得更深入。"拉康在研讨班"精神分析的四个基础概念"第一次研讨班上就再次提到了这个主题："也许真相只有一个，那就是弗洛伊德自己的欲望。事实上，弗洛伊德身上的某个东西从未被分析过，这就是我发现自己不得不停止进行'父姓'研讨班时的处境。我说的父姓只是为了提出起源的问题，即弗洛伊德是通过哪种特权，在如同无意识一样的经验领域中找到欲望之门的。"[1]

拉康认为询问弗洛伊德的欲望并不等同于要离开IPA，恰恰相反，该方式将他与弗洛伊德联系在一起。我们可以说，在IPA和弗洛伊德之间，拉康选择了弗洛伊德，更确切地说，他选择的是被剥夺了部分合法性的弗洛伊德。拉康继承了这样的弗洛伊德，并对其存在负有责任。因此，他在发现自己是合法合理的创立者的同时，异端的弗洛伊德也让他感到很不舒服。

拉康并不希望从SFP中独立出来，尽力延迟这一时刻的到来，不惜为此牺牲个人利益，直到发生不可避免的冲突。尽管他在1963年中断了自己的研讨班，并于1964年在其他地方举办了另一主题的研讨班，但他当时仍隶属于SFP，并鼓励他的支持

---

[1] 拉康:《精神分析的四个基础概念》，巴黎：门槛出版社，1973年，第16页。

者们与巴黎第七大学的女性研究小组（简称：GEF，于1975年成立）继续管理SFP。

然而拉康派组织的独立运动扭曲了拉康的思想，将他变成弗洛伊德的挑战者，并将他的思想变成口号。拉康开办一个学校，将自己陷入领导者位置的陷阱中，所谓的"领导者"，也就是弗洛伊德在《大众心理学与自我分析》中描述的精神分析家的组织者。拉康邀请亨利·埃利[①]加入他的学校时，埃利就曾警告他，说："当你的学派存在于最辉煌的现实中时，在注定不稳定的法律和行政的基础上建立一所学校又能得到什么呢？当一位教师免费向自由的学生们授课时，学校便形成了。学校不是机构，它并非建立在官方的设置上，而是建立在教师的声望上。"[②]

奥迪内斯科也发现了拉康在建立自己的学校时面临的矛盾："我们很清楚，拉康对弗洛伊德独创性的解读，在于他肯定了弗洛伊德的正统观念，抛弃了弗洛伊德之后的所有'背离'。从此角度来看，拉康之所以同意独立的唯一可能性就是重塑弗洛伊德断裂的部分。然而，他以己之名建立学校时发现，即使不承认自己创立了学派，至少也必须确认'拉康派'存在的政治价值。可是，通过这种自我认证，拉康派的独立运动和他声称自

[①] 亨利·埃利（1900—1977），法国神经学家、精神病学家、精神分析家和哲学家。——译者注
[②] 奥迪内斯科：《亨利·埃利于1964年8月致拉康的信》，摘自《法国精神分析历史》，卷2，巴黎：门槛出版社，1986年，第437页。

己是弗洛伊德主义的学说变得自相矛盾。"①

这也导致了人们对他被推举为机构领导者产生了误解,此误解在今天仍然存在。②然而我们可以将他的做法看作是一种传达父姓信息的意图,即通过对俄狄浦斯范例中被谋杀的父亲这一隐喻,尝试再次对俄狄浦斯范例提出质疑。尽管拉康自认为作为弗洛伊德派的追随者,自己严格遵从弗洛伊德的纲要,然而这恰恰造成了他与弗洛伊德派分庭抗礼的危险。

拉康变成学校的领导,为与弗洛伊德派截然不同的拉康派奠定了基础,但却因此减少了传道授业的时间。他创立学校的危险在于将自己封闭在弗洛伊德式阐释的框架中,而他本人却一直试图改革此框架。为了避免这种危险情况,拉康必须解释父姓的概念。大多数精神分析家们,甚至包括他的学生都没有努力去理解他的创造行为,只是根据现有的范例去解释这一行为的作用。实际上,EFP创立的内容包含了很多IPA方案中排斥的维度。毫无疑问,拉康已经意识到了这种危险,并尽可能地推迟独立的时刻。但这一天还是别无选择地到来了……他只能和其他几位同人一起冒着这个危险去建立一所属于拉康派的学校,尽管其他几位也许并不太理解这种危险。

---

① 奥迪内斯科:《法国精神分析历史》,卷2,巴黎:门槛出版社,1986年,第374页,以及第351—352页。
② 参见西波《拉康与笛卡尔》,巴黎:PUF出版社,1994年,第IX—X页:"与父亲相关的矛盾心理,在拉康和弗洛伊德的理论中作为基础模式被抹杀了。这也是一个精神分析的政治性问题。"

雅克·拉康的"父姓"——标点与问题
Les noms du père chez Jacques Lacan
Ponctuations et problématiques

为了不陷入这种怪圈，今天我们似乎有必要将成立EFP的行为与拉康中止"父姓"研讨班的事件联系起来。套用拉康的话来说①，我们要保留重新考虑这一行为的权力。该行为本身并不包含在俄狄浦斯范例中，它涉及的是精神分析中戏剧维度的经典范式。

弗洛伊德与拉康

EFP成立之后，拉康派独立之前早已出现的内部分歧一直存在。莫德·曼诺尼对佩里埃参与创建EFP的方式深感厌恶。曼诺尼毫不犹豫地写信谴责了他的背叛。②另外，在EFP创立之初，佩里埃就曾写信谴责拉康对学派的不力领导。③

EFP成立之初就存在的分歧给未来埋下了分裂的种子，比如曼诺尼认为学派在1969年万森会议的失败，"就是1963年学派独立的结果。如果不接受政治分析，情况将会越来越恶化"④。

我们认为自EFP成立以来，拉康派失利的原因，必须从他们由解读拉康调整为解读弗洛伊德的做法中去寻找。拉康派的独立并不比原先的弗洛伊德-拉康派更清晰、更能解决问题，这

---

① 拉康:《书写》,巴黎:门槛出版社,1966年,第870页。
② 莫德·曼诺尼:《致佩里埃的信》,摘自《缺失真相的言论》,巴黎:德诺埃勒出版社,1988年,第156页、第171—172页。
③ 佩里埃:《1965年1月12日信》,摘自《昂坦的暗礁》,巴黎:阿尔宾·米歇尔出版社,1994年,第195页。
④ 莫德·曼诺尼:《缺失真相的言论》,巴黎:德诺埃勒出版社,1988年,第180页（拉康的注解）。

两种情况都揭示了创立EFP的困难。

在我们看来，避免陷入威胁拉康派存在的矛盾的唯一途径，就是为拉康所谓的回归弗洛伊德，更确切地说，是为他在创立自己学派时对弗洛伊德的特殊解读方式提供一个解释机会。拉康提倡的"回归弗洛伊德"是一个复杂的观念，随着时间的推移不断演变，且存在一定程度的混乱，我们并不想就此深入探讨所有细节。我们只想简单地指出它有一种价值导向，而且，EFP在1964年初创时，回归弗洛伊德的观念是以笛卡尔的主体概念为基础的。拉康在研讨班"精神分析的四个基础概念"的出版物的封底写道："我们再次强调笛卡尔的主体概念的优越性，是因为它作为确定性的主体与知识的主体相区分，并且通过无意识被重新确认，成为精神分析行为的先决条件。"在此研讨班中，拉康还证明"从确定性主体的基础出发，弗洛伊德的（研究）方法是笛卡尔式的"[①]。

我们似乎可以认为，拉康派学校的成立并非注定要成为拉康（和弗洛伊德）的教学堡垒，而是如让-克劳德·米尔纳[②]所说的："要构建与基式制度相关的事物。"[③]关于此，米尔纳额外论证了弗洛伊德与拉康在思想上精确的匹配性，拉康本人也对这一匹配性在本质上进行权衡考量，认为："马克思与列宁、弗

---

① 拉康：《精神分析的四个基础概念》，巴黎：门槛出版社，1973年，第36页。
② 让-克劳德·米尔纳（1941— ），法国语言学家、哲学家、散文家。——译者注
③ 让-克劳德·米尔纳：《清晰的作品》，巴黎：门槛出版社，1995年，第127页。

雅克·拉康的"父姓"——标点与问题
Les noms du père chez Jacques Lacan
Ponctuations et problématiques

洛伊德与拉康在本质上并不是两位一体,而是他们在大他者中找到作为知识本质的文字,在假设的大他者中共同前进。"[①] 拉康从未试图领导这场与弗洛伊德文本文字毫无关系的拉康派运动。

事实上,今天我们会说阅读了弗洛伊德和拉康的作品,但不会说我们阅读了弗洛伊德与梅兰妮·克莱因的作品。拉康批评弗洛伊德时,他的立场与主要由美国人组成的弗洛伊德修正主义者们的立场绝不相同。相反,他越是批评弗洛伊德,就越显示出对弗洛伊德的支持,比如当他说"无意识"是"拉康的"时。

当我们围着精神分析理论绕圈时,除了思考弗洛伊德之外,还应该考虑到拉康,因为环面之外还有一圈,其内才是核心。由于忽视了核心功能,拉康成为了这场运动的领导者,而这场运动以否认的方式重复IPA的解释方案。拉康派内部的分裂有可能来自这种错觉。

拉康创立的EFP在复兴弗洛伊德运动中发挥的社会作用,使我们探究其创立行为是否还需要满足某些其他条件。皮埃尔·勒让德[②] 认为神话发挥了社会纽带的作用,神话在文化中代表了一种第三维度:具有想象力的假想。[③] 神话使社会在一

[①] 拉康:《再一次》,巴黎:门槛出版社,1975年,第89页,以及让-克劳德·米尔纳:《清晰的作品》,巴黎:门槛出版社,1995年,第127页。
[②] 皮埃尔·勒让德(1930—2023),法国精神分析家、历史学家。——译者注
[③] 皮埃尔·勒让德:《镜中的上帝》,巴黎:法亚尔出版社,1994年,第137页、第139—142页。

个假想的领域中构建自身，它创造了一种标准的象征性大他者的蒙太奇，即一种基础性的表象。神话是"空"的象征，代表了起源的虚无。因此，神话与父姓功能，以及与之相关的禁令和因果联系在一起。

拉康与弗洛伊德不同，他没有刻意创造神话，只有在为了形象地描绘力比多时，曾经颇为讽刺地创造了薄膜（lamelle）的神话："每当小鸡破壳而出时，都会先破坏掉壳内的一层白膜，人类出生时也有类似这层包裹物的一层薄膜，我们把它称为胎膜。[……]这层薄膜并没有器官的特点，但仍然是一个器官。我可以从动物学的角度把它定义为：力比多。力比多作为一种纯粹的生命本能，也是一种不朽的、不可抗拒的、无须任何器官的、浓缩并不可毁灭的生命。这使它从受制于有性生殖的有机生命的循环中剥离出来。"[1]我们注意到，拉康这唯一一次试图创造神话是在1964年5月20日（此时，他参考了弗洛伊德和柏拉图的思想），也就是他创建学派的前一个月。

然而，该神话与创建学派之间的联系并未得到证实，拉康的方法始终是解构神话，旨在提取神话中逻辑的成分，从而承认神话的价值，也包括弗洛伊德的神话《禁忌与图腾》，他说："神话赋予了这种结构的构建一种史诗般的形式。"

因此，拉康在创建学派时并没有明确地构建一种神话仪式。

---

[1] 拉康：《精神分析的四个基础概念》，巴黎：门槛出版社，1973年，第179—180页。参见拉康《书写》，巴黎：门槛出版社，1966年，第854页。

雅克·拉康的"父姓"——标点与问题
Les noms du père chez Jacques Lacan
Ponctuations et problématiques

但我们还是不禁要问，如此开创性地建立学派形成的社会纽带是否会变得更加牢固。在此意义上，我们将拉康中断"父姓"研讨班这一行为的重要性理解为一种转变，也就是将这个研讨班转变为关于神话的研讨班，这当然也有我们构建神话的一部分愿望，并同时安抚了拉康派成员们的情绪。

拉康在其研讨班中的辩证行动

1964年1月，"父姓"研讨班停办一个月之后，拉康重新开设了另一个研讨班"精神分析的四个基础概念"。他"放弃"了圣安妮医院[①]，转而在其他地方举办研讨班。举办地点很重要，因为它的改变涉及拉康的新研讨班，甚至是学派的问题。

拉康最先以讲师（而非研究主任）的身份在巴黎高等师范学校经济与社会科学系举办他的研讨班，其每一年的研讨班摘要都会发表在该校的年鉴中（除了1964年的《精神分析的四个基础概念》的封底）。这并不是一所普遍意义上的大学。1868年（拿破仑三世时期），面对德国大学日益高涨的声望，为了提高法国的教育水平，维克多·杜慧[②]颁布法令建立了法国高等师范学校（简称：EPHE），我们应该感谢他撰写了长达七卷的

[①] 圣安妮医院是一家成立于1651年的位于巴黎第14区的医院，专门从事精神病学、神经病学、神经外科、神经影像学和成瘾治疗及研究的医疗机构。——译者注
[②] 维克多·杜慧（1811—1894），法国政治学家、历史学家，曾在1863年至1869年担任第二帝国的公共教育部部长。——译者注

《罗马人史（1879—1885）》。这部著作最初由四个部分组成：数学、物理和化学、自然历史和生理学、历史和语言科学，稍后的宗教科学部分由儒勒·费里[①]于1886年撰写完成。法国高等师范学校以高层次、世俗科学为导向，其运作（学生注册程序、教学方法）与一般大学不同。

作为讲师，拉康借用了位于乌尔姆街的另一所高等师范学校（简称：ENS）的教室。这件事情并非无足轻重，因为这个地方为他带来了一批来自师范学校的新听众，这对精神分析的传播具有决定性的意义。拉康在那里继续举办研讨班，直到1969年底才被要求离开，随后在先贤祠的法学院找到了新的地方。因此，拉康在其研讨班"精神分析的反面"中提到了这所学校，并向他的几位"来自高等研究院的同人"提供的授课场所表达了感恩之情。拉康还强调说，这所高等师范学校的简称ENS恰好可以看作"教授，教导（enseigner）"一词的词根。

拉康自此在这三所学校站稳了脚跟，之后创建了自己学派的学校。ENS，是一个地理学上的位置，EPHE则可视为一个向科学界开放的社会位置，而巴黎弗洛伊德学校（简称：EFP）则是拉康及其学生们创立的精神分析学派的传播阵地。EFP发布公告宣布拉康将开设研讨班，但研讨班并不在EFP的办公场所举行（1971年才在EFP举行研讨班）。通过这种方式，拉康将语

[①] 儒勒·费里（1832—1893），法国参议院议长，共和派政治家，曾两次出任法国总理，任内推动政教分离，殖民扩张，教育世俗化。——译者注

言中的"学校"这个词划分出了两种含义：一种是指教学的场所；另一种是指声称追随拉康教学的学生群体，他们承认自己受到同一教师、同一学说的共同影响。

拉康发挥其理论多元性作用的同时，还在他的研讨班内部引入了两种研讨形式的更迭，特别体现在研讨班"精神分析的重要问题"（1964—1965年）中。除了针对大众公开的研讨班之外，每月的最后一个星期三是"封闭式的"研讨班（需要持证方可进入）。这类研讨班是专门为那些提出问题，并希望以研究工作、评论、交流或报告形式向拉康提供其教学"证言"的人开放的。这两种研讨班之间的区别，比研究型和普及型教学之间的区别更加微妙。这些"证言"与拉康的辞说是一致的，他（在1965年1月27日）充满希望地说："那些我将继续在所有人面前追求的辞说，如同一个光芒万丈的圆圈，也将受到所有参与者行动的考验。"这个圆圈必然会放射出辞说的光线。只有拓扑学才能说明拉康所言的这种形象，因为这与我们习惯的圆心辐射不同。此处，我们必须想象一个由半径产生的圆，从中心的圆圈发散，形成另一个外圆。这就是圆环的形象：

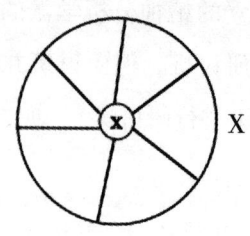

1963年的危机与巴黎弗洛伊德学校的建立

拉康随后在1969—1970年的研讨班"万森的即兴作品"中找到了其他"脉络"。到了1972年,他在法学院举办面向公众的研讨班的同时,还在圣安妮的教堂里进行"封闭式的"研讨班。尽管如此,我们认为其所有研讨班的举办都是为了让研讨班本身成为一个异质性的载体、场所。

我想特别强调的是,拉康在1964年对研讨班举办地点的调整,以及他在1966年称为"科学的主体"的概念。

1964年1月,拉康在巴黎开始新研讨班的前几日,前往罗马参加了由恩里科·卡斯特利①组织的题为"技术与案例分析"的研讨会。拉康在演讲之后的讨论中,明确地表达了自己的意图:"我们不能唤起经验的神秘性。我认为有些内容只能在共同经验的层面上进行讨论,正如大家所知,我试图要做的就是将分析经验完全开放给公共评论界。"② 在他的研讨班"精神分析的四个基础概念"出版作品的封底,拉康又谈到了听众身份的变化对新研讨班的影响:"高等师范学校的热情接待和更多听众的参与,表明了我们的辞说联盟发生了改变。十年以来,这些辞说一直被掌握在有能力的专家们手里,毫无疑问,他们以卓越的成就成为精神分析领域唯一一类被认可的从业者,但控制行业准入的辩证秩序条件太过狭隘了,致使本领域难以注入更

---

① 恩里科·卡斯特利(1900—1977),意大利哲学家。——译者注
② 拉康,在其题为《弗洛伊德的冲动(Trieb)与精神分析家的欲望》的演讲之后的讨论(此演讲被收录在其著作《书写》中),1964年1月7日至12日的题为《技术与案例分析》的演讲稿,在恩里科·卡斯特利的指导下,由菲洛索菲奇研究所出版,罗马,1964年,第57页。

多新鲜血液。我们制定了一种关于预备教育的研究法（organon），即从业者通过某一段的考核之前，不允许提前开始下一阶段的学习。我们认为必须扭转这种表述方式，与其说在危机中找到一个合适的契机，不如说在弗洛伊德留给我们的领域中，我们有责任重建现实的本质。"

在1963年至1964年间，拉康与阿尔都塞的会面具有转折的决定性意义。这位哲学家不仅为拉康提供了一处重新举办研讨班的场所，并且也是一位善于倾听的对话者，他为拉康得到更广泛的认可做出了贡献。也是在这个时期，阿尔都塞在ENS的学生雅克-阿兰·米勒[①]成为了拉康的女婿。

1963年11月20日的夜晚，拉康写信请求阿尔都塞来看望他："我不得不结束这次研讨班，这让我非常痛苦。这十年以来，我一直努力描绘的这条辩证之道是一项了不起的创举。这令我想到了你们的圈子，我听说你们非常欣赏我做的事情，尽管我们不在同一个圈子。今晚，或更确切地说，是今天凌晨，我想到了这些亲爱的朋友［……］必须对他们说一些什么。我希望您来看望我，阿尔都塞。"[②] 阿尔都塞的回信表达了他对拉康的敬意，以及和他联盟的决心："我会竭尽全力与那些利用沉默使您陷入孤独的敌人作斗争，支持您的理论工作，成为您在

[①] 雅克-阿兰·米勒（1944—），法国精神分析家，与拉康的女儿朱迪斯结婚。他也是弗洛伊德事业学校的奠基者之一，拉康的继承人。——译者注
[②] 阿尔都塞：《关于精神分析的著作》，巴黎：斯托克与IMEC出版社，1993年，第272页。

其他领域的支持者。您会有盟友的，无须担心，我已经结识了很多盟友，尽管您还不认识其中一些人，甚至想不到将会直接与他们对话。"① 1963年12月2日，阿尔都塞和拉康相约一起深夜漫步巴黎。随后，阿尔都塞给拉康写了一封长信，信中讨论了"概念"的问题［拉康在1964年的研讨班标题中使用了"概念（concept）"这个词］，以及（科学的）理论与（内隐理论和错误理论的）观念学之间的不连续性。

阿尔都塞早已让他的学生们研究拉康在1962年至1963年②的作品，1964年1月，阿尔都塞撰写了一篇具有里程碑意义的文章《弗洛伊德与拉康》，并于1965年1月发表在共产党知识分子的官方刊物《新评论》上。③

除了与学者们联盟，拉康还通过与阿尔都塞的联系，改良了其教学的传播方式。这意味着他的教学传播不再完全依靠精神分析协会进行，而拉康显然很清楚这一点。这是一种应对离开IPA造成的"集体心理"不良影响的方式。拉康考虑到将精神分析纳入哈贝马斯④所谓的"公共领域"（espace public）中，这些公共领域出现在18世纪末的欧洲。正是由此开始，拉康参与到了关于启蒙运动的辩论中，因为康德的公开性原则

---

① 阿尔都塞：《关于精神分析的著作》，巴黎：斯托克与IMEC出版社，1993年，第274页。
② 参见奥迪内斯科《雅克·拉康》，巴黎：法亚尔出版社，1993年，第396页。
③ 收录于阿尔都塞的《关于精神分析的著作》，巴黎：斯托克与IMEC出版社，1993年。
④ 哈贝马斯（1929— ），德国当代最重要的哲学家、社会学家之一。——译者注

(Öffentlichkeit)就是启蒙(Aufklärung)[①]方法。拉康试图通过"阐明实在的绝壁"来吸引启蒙运动的受众,从而避免陷入精神分析的"宗教"式传播的困境中,但仅仅从IPA离开是不足以摆脱这种困境的。关于父姓的辞说尚不足够完整,如果没有同时确立"被假设应知的主体"的理论,确定无意识的主体取决于科学的主体,仅仅论述"父姓"将会形成难以逾越的阻力。这就是拉康在1963年失败之后决定要做的事情。正如他在研讨班"精神分析的四个基础概念"中所言:"在这里,我对着那些想知道精神分析是否是一门科学的人们讲话。"[②]

弗洛伊德早已经意识到科学与父姓之间的关系,尽管他从未使用这些术语进行表达。他在《鼠人》一文的注释中指出:"当人类在感官见证之外,决定采用逻辑推理认识和理解世界,并从母权制转向父权制时,人类文明就前进了一大步。"[③]雅克·德里达[④]对弗洛伊德的论断提出了怀疑,认为弗氏的论据值得商榷,但这超出了本书的讨论范围。[⑤]然而,如果我们与拉康一起坚持弗洛伊德言论的真实性,那么父姓的问题似乎就成了一个典型的科学问题,因而当父姓概念受到拷问时,对科学进

[①] 哈贝马斯:《公共领域》,巴黎:帕约出版社,1993年,第114页。
[②] 拉康:《精神分析的四个基础概念》,巴黎:门槛出版社,1973年,第73页。
[③] 弗洛伊德:《精神分析五案例》,巴黎:PUF出版社,1967年,第251页。
[④] 雅克·德里达(1930—2005),当代法国解构主义大师、当代最重要亦最受争议的哲学家之一。——译者注
[⑤] 雅克·德里达:《档案热病》,巴黎:伽利略出版社,1995年,第76—77页。

行必要的调整也是正常的。1966年，拉康希望我们意识到"在本质上，精神分析就是要将父姓重新引入科学的体系中"。[1]

1964年初，随着拉康研讨班的听众发生的变化，确立并实现了他希望的精神分析的传播模式。此外，他还通过在公共空间开设的研讨班，表明了其教学理念和态度。拉康认为在他的教学和分析实践之间存在一种共鸣，即使这两者在当时还尚未明确地联系在一起。

事实上，拉康中断"父姓"研讨班的同时，还被禁止了教学实践。他不仅失落地指出这一点，还使我们明白这两项活动是相互关联的，破坏其中一项活动也就是损害另一项。拉康的反对者们非常清楚这种关联的特殊性，这甚至成为他们攻击的主要焦点之一，就像他们攻击拉康的精神分析晤谈时长不符合IPA的标准一样。1963年12月，在SFP的通报中，我们可以读到以下内容："当前的危机源于拉康的教学实践和其特殊性，以及他想在教学与实践之间建立的密切关系带来的问题。最后，他在法国精神分析协会内部建立和延续的关系类型也是此次危机的导火索。"[2] 当SFP确定其选择方案时，法国精神分析协会（简称：APF）明确表示有必要"将教学实践与研究教学这两个领域区分开，这并不是为了扩大两者之间的差距，而是为了重

---

[1] 拉康：《书写》，巴黎：门槛出版社，1966年，第875页。
[2] 《驱逐》，摘自《奥尼克杂志》，巴黎：利兹出版社，1977年，第121页。

新发现每种方法的特殊性"①。

拉康和阿尔都塞的通信，也证明了拉康在其研讨班中对分析家培训的重视。阿尔都塞在写给拉康的一封信中引用其原话："'那些我教授给他们的内容，改善、改变了他们对现实认识的态度，以及他们对待分析现状的讨论方式。'您这句话中的'他们'既是指倾听您的分析家们，也是指正在与您做分析的分析者们。"②

拉康在研讨班"精神分析的重要问题"中，通过解释学校与研讨班的区别，澄清了其研讨班的分析功能。"从古至今，学校这一词的实际意义是指一个应当形成生活风格的地方，如果它是名副其实的话。"（摘录于1965年1月27日的研讨班记录稿）他还指出EFP中包含的"巴黎"这个名词来源于"我接受领导责任"的地方。拉康认为"生活风格"可能也与这样一个事实相关（参见《精神分析的行动》，1968年3月27日），即它作为"精神分析生活"的"中间闸门"的结果，挑战并质疑"私人"和"公共"之间的界限，但并没有使我们废除此观念。因此拉康在精神分析学校而非研讨班上发出的这一挑战，得到了学校的支持。

拉康认为他的教学对于研讨班的参与者来说，应当具有行

---

① 《驱逐》，摘自《奥尼克杂志》，巴黎：利兹出版社，1977年，第156页。
② 阿尔都塞：《1963年12月4日信》，摘自《关于精神分析的著作》，巴黎：斯托克与IMEC出版社，1993年，第280页。

动价值："在这里，我希望那些无论以何种身份，将我的教学作为他们行动原则的人都能够负起责任。"在研讨班的语境下，行动是指在承认"客体a"（objet a）是欲望的动因之后产生的行动。

拉康在1964年6月21日的《创建行动》一文中，重申了他在研讨班"精神分析的重要问题"中关于学校场所与研讨班场所之间的区别。首先，我们注意到他采用了EPHE的措辞，在EFP中设立了三个部分。另一方面，他在附注中写道："精神分析的教学只能通过有效的转移手段，从一个主体传递给另一个主体。包括我们的高级研究课程在内的'研讨班'，如果其中没有转移，那都将是尘垢秕糠。"从这一层面理解，他的研讨班属于一门高级研究课程，它只有通过学校工作的转移才能进行精神分析的传播。拉康的这个新观念只出现在这篇文章中。在我看来，这种新观念只能依靠当时的"被假设应知的主体"与"转移"的基本关系才能被理解。

拉康在《创建行动》的序言中提到了学校和场所的概念差异。"关于创建，首先需要提出的是它与教学的关系问题。因为单纯的教学不会让对教学活动的决策毫无保证。我们假设，无论谁都有资格讨论教学，但学校的存在既不依赖于教学本身，也不取决于开展实质的教学活动，因为我们创建的这所学校的教学是在教学场所之外进行的。事实上，对于这种教学而言，听众的存在尚未使它充分发挥潜力，这同样也反映在学校与其听众的关系上，因此突出创建学校和教学之间的区别就显得尤为重要了。"

教学发展的需要明确了创建学校的决策。但拉康的教学是在学校之外进行的，并且他创建的学校也并不依赖于他的教学。因此学校的创建没有发挥教学中"转移"的作用。为了证明研讨班与学校的分离是合理的，拉康还特别提到了同一时期他的学校及研讨班听众之间的异质性。毫无疑问，这两者之间的差异证明了这种异质性的逻辑功能。

最后，拉康在谈到学校时再次提到了生活风格："如果我们不再仅仅局限于精神分析的弊端，那么学校将不只对精神分析领域做出批判性的工作，还能开辟经验的基础，使我们重新讨论与精神分析中浮现出的生活风格相关的问题。"学校必须支持并改善被精神分析"咀嚼"过的每个人的生活风格。面对文明的弊端，学校既是避难所、庇护所，也是与弊端作斗争的基地，前提条件是这一弊端没有侵入学校。

如何更好地证明拉康的研讨班是分析行动的一部分，而不是通过将其中断以使该行动具有重要的价值？拉康所做的就是中断他的研讨班"父姓"，并且在接下来的每一年都提醒我们这一中断的存在。既然弗洛伊德派的合法性监护机构试图让拉康保持沉默，就好像他在讨论父姓时说了什么亵渎的话一样，那么拉康就保持沉默，把沉默变成话语。既然没有人知道他对父姓的看法是什么，那么他就可以从理论上探讨真理与知识的关系，并对被假设应知的主体进行讨论。由于精神分析家们，包括拉康的学生们都不理解他，因此他也会向那些非分析家和学者们进行演讲，旨在与他们继续启蒙式的辩论。既然弗洛伊德派的合法性监护机构谴责了他，他就转而去信任精神分析辞说的结构。

沉默之声

拉康的教学经历了几次系统化及历史性的周期化尝试。[1] 如果我们不想让他的教学变成一个无形的、无时间性的整体，而是让读者可以自由地调用其所有的论述，那么这些论述就必须遵循一种规律。然而，在拉康的教学背景中，证实及重新定位这些论述与其引文之间存在着一种差距。周期化本身旨在突出语句序列中的某一种论据，而这种论据是由转折、中断、重复或连续构成的。周期化是一种高要求的方法，其挑战在于，我们无法以拉康的标准去阅读他的文本，进而无法理解其文本。因而那些只追随其教学中的某一个主题的读者，都会或多或少地沉湎于他的文本中，但在周期化的活动中，读者必须在拉康文本的外部和内部标准之间找到一致性。

父姓满足了这一条件。研究此术语最有趣之处在于，我们可以通过它对拉康的教学进行非线性的周期化。诚然，这种周期化不能涵盖拉康所说的一切，但它的调整足以产生新的意义。父姓不仅仅是一个阐释性的主题，它还使得拉康在其教学中形成了计数（compatage）和音律切分（scansion）这两个概念。

我们将拉康对中断"父姓"研讨班的回忆作为历史分期的

---

[1] 参见菲利普·迁连《从弗洛伊德到拉康的回顾》，巴黎：EPEL出版社，1990年。米尔纳：《清晰的作品》，巴黎：门槛出版社，1995年。

雅克·拉康的"父姓"——标点与问题
Les noms du père chez Jacques Lacan
Ponctuations et problématiques

标准。对他而言，这种中断是一种实施行为的方式，一个说"不"的声明：将不再有关于"父姓"的研讨班了。

拉康的回忆划分了三个阶段。

第一个阶段是从1964年至1969年（"从大他者到小他者"研讨班）。该时期有三种特征：拉康在此期间对父姓只字未提。每年他都会选择某些术语来结束当年的研讨班。他开始将"转移"与"被假设应知的主体"这两个概念相互关联在一起，并且每年都会对这二者进行循环论证，直到1969年，他解决了这个问题。

我们应该从字面意义上来理解"循环"一词。事实上，依据拉康在他的研讨班"精神分析的行动"①中对其教学进行历史性的分期，这一阶段是在能指与主体的主旋律之间的"脉动（pulsation）"之后完成的。②在研讨班"精神分析的行动"中，拉康将1964年之后所有新的研讨班，以及1964年初的两个研讨班衔接起来③，如下表所示：

---

① 拉康：《精神分析的行动》，1967年11月29日研讨班记录稿，未出版。
② 拉康：《认同》，1961年11月15日研讨班记录稿，未出版。
③ 拉康：《精神分析的行动》，1967年11月29日研讨班记录稿，未出版。"我在这里讲课有4年之久了，每年讲课的内容与之前两年的内容都能形成某种对应关系。因此，今年教授的内容可以与我在7年和8年以前的研讨班上讲过的内容相呼应，更明确地说，与'精神分析的伦理'为主题的那一年的研讨班相对应，这可以在'精神分析的行动'中明显地看出来，精神分析的行动在本质上与转移的运作完全联系在一起。好吧，这至少可以让一些人理解我的某些研究步骤。"

在拉康居所举办的研讨班	1951—1952年"狼人"研讨班
	1952—1953年"鼠人"研讨班
在圣安妮医院举办的研讨班	1953—1954年"书写技术"
	1954—1955年"弗洛伊德理论中的自我"
	1955—1956年"精神病"
	1956—1957年"客体关系"
	1957—1958年"无意识地构成"
	1958—1959年"欲望及其阐释"
	1959—1960年"精神分析的伦理"
	1960—1961年"转移"
	1961—1962年"认同"
	1962—1963年"焦虑"
	1963年"父姓"
在巴黎高等师范学校（ENS）举办的研讨班	1964年"精神分析的四个基本概念"
	1964—1965年"精神分析的重要问题"
	1965—1966年"精神分析的目标"
	1966—1967年"幻想的逻辑"
	1967—1968年"精神分析的行动"
	1968—1969年"从大他者到小他者"

因此，1964年之后的研讨班可以看作1951—1963年第一轮研讨班之后的第二轮。

雅克·拉康的"父姓"——标点与问题
Les noms du père chez Jacques Lacan
Ponctuations et problématiques

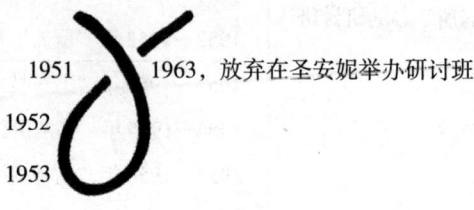

1951—1963年的第一轮研讨班

1951
1952
1953
……

1963，放弃在圣安妮举办研讨班

从1964年开始的第二轮研讨班的每一期内容都对应第一轮的两个研讨班的内容。

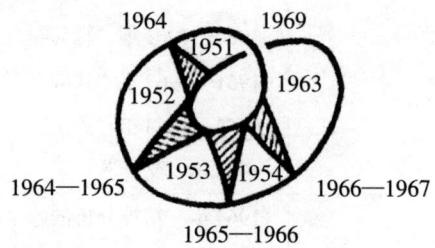

第二轮研讨班延续了第一轮的内8形路径。

1963年研讨班的中断显然成为了一个零点，我们可以由它开始计算研讨班的顺序（但是它并不是起点）。从上文图中可见，中断的研讨班恰好位于环线的交叉点上，并因此导致了环线的中断，这也意味着"父姓"研讨班的重要性。

如果我们将环线延伸到1967年之后，就会发现拉康将当年结束的问题与1969年的研讨班"从大他者到小他者"的问题相互衔接形成了闭环。事实证明，这个闭环意义重大，因为研讨班"从大他者到小他者"形成了两个重要概念。首先，以研究思路的标点与被假设应知的主体所表示的能指 S_2，被命名为"知识"，我们称之为角码的符码使字母产生变化，类似数学中的有序对集合。其次，拉康重新开始详尽地谈论父姓这一概念。

这些相关联的研讨班展开了"被假设应知的主体"与"父姓"研讨班中断的问题。此外，拉康在"被假设应知的主体"形式上的解决方案与对于父姓的再次反思得到了发展，这些发生在1969的研讨班上的研究内容可与1963年的研讨班相对应，因此我们可以认为，在父姓的问题与被假设应知的主体之间存在一种丰富的张力。我们将对此做进一步研究。

第二个阶段是从研讨班"精神分析的反面"（1969—1970年）直到研讨班 "RSI"（1974—1975年）。在此阶段，拉康继续谈论他在1963年11月20日中断的研讨班，并且他不再像上一个阶段时避免谈到父姓这个主题了。他甚至将一个研讨班的题目定为"智者迷失"（Les non dupes errent），在法语中，此标题与父姓（Les noms du père）是同音异义的。在此期间，随着在"RSI"研讨班中发现波罗米结（le nœud borroméen），1963年初由父姓和RSI衔接所引发的问题也得到了解决。拉康因此得以再次提出复数形式的"父姓"，但他此时的研究方式已与1963年的

雅克·拉康的"父姓"——标点与问题
Les noms du père chez Jacques Lacan
Ponctuations et problématiques

大不相同了。

第三个阶段是从研讨班"圣状"（1975—1976年）一直到研讨班"解散"（1979—1980年）结束的。该时期的特点是拉康继续讨论父姓（特别是在研讨班"圣状"中），但与前两个时期形成鲜明对比的是，他不再提及1963年的研讨班，似乎自从发现波罗米结之后，提及它便没有了任何意义。在此意义上讲，波罗米结提供了一种解决方案，并允许我们讨论它，以至于中断的研讨班带来的影响完全失去了效力。

从1964年至1975年，拉康再次回溯被中断的研讨班

1964年至1975年之间正处于刚刚划分的第二阶段。在此期间，拉康一再提及1963年中断研讨班的事件。我们发现，拉康不断回溯这一事件的行为对解决与父姓相关的特定问题带来了希望，该行为本身就是关于父姓的研讨班的一部分。同样，没有完成的研讨班意味着拉康坚持对IPA的规则说"不"，这也是用行动表达与父姓主题相关内容的一种方式。

1964年至1969年期间

从1964年开始，直到1969年的研讨班"精神分析的行动"期间，拉康非常罕见地只使用过一次术语"父姓（Nom-du-Père）"，仅探讨过两次"父亲"的问题，而且第二次讨论的只是与"父亲"这一专有名词相关的内容。

拉康在《精神分析的四个基础概念》①中第一次提到了"父亲"的问题，他在第七章一开始就引用了弗洛伊德在《梦的解析》②中提及的一个梦，一位父亲在死去儿子的床边打瞌睡，在睡梦中听到儿子对他说："父亲，难道你没有看到我在燃烧吗？"弗洛伊德认为这句话有两层含义：一层是"我在燃烧"，另一层则是"父亲，难道你没有看到吗？"

在做梦的过程中，这位父亲在自己成为父亲的欲望中受到了自己儿子的质问。被要求去"看"转变为"看的欲望"。这位父亲感到自己作为父亲被斥责了。如果这种感受表现为梦境，那么这种梦境的表现就回答了这个问题："父亲"角色本身，是否就是一个我们可以命名为欲望的存在？

拉康通过这个梦引入了丧失后的"重逢"这一实在的概念，此概念是仪式性重复的基础。在（"燃烧"的）梦中，（因为死去孩子的手臂和裹尸布被掉落在上面的蜡烛烧焦了）这里的重逢是现实表象之间的表征，而另一种现实则隐藏了代表表象的东西，即丧失的冲动背后的内容。他们的重逢总是在梦与清醒之间显现出来，并且"欲望在被遗忘的客体最残酷的形象那里呈现出来。只有在梦中，才能发生这种非常独特的重逢。也只有在一种仪式，一种永远在重复的行为中，才可以纪念这种无

---

① 拉康：《精神分析的四个基础概念》，巴黎：门槛出版社，1973年，第57页及之后。
② 弗洛伊德：《梦的解析》，巴黎：PUF出版社，1967年，第433页及之后。

雅克·拉康的"父姓"——标点与问题
Les noms du père chez Jacques Lacan
Ponctuations et problématiques

法被忘怀的重逢,因为没有任何人可以说明孩子的死亡意味着什么,只有父亲这一角色才能通过无意识表达出这种意义"[1]。

拉康说:"父亲的欲望在实在界中呈现出来的极端状态,即为父姓,它通过律法维持了欲望的结构,正如齐克果[2]指出,父亲的遗产就是他的罪恶。"[3]

援引此例,拉康扩展了后索菲亚主义时代的父亲的现代形象——有罪的父亲,或者正如大仲马的小说名《没落的父亲》(pères la-ruine)。正如前述拉康的观点,父姓利用律法维持了欲望的结构,也维持了欲望与律法错综复杂的结构,父姓就是父亲罪恶的姓名。

次年,拉康在研讨班"精神分析的重要问题"中再次关注到"认同"研讨班中提到过的专有名词的问题。他在研讨班"无意识地构成"中引用了弗洛伊德遗忘西诺雷利之名的例子,并再次对这个例子进行了分析。两次分析的变化清楚地标示出1963年研讨班的中断带来的影响,因为这时的分析不再像1957年那样以父性隐喻的公式为基础了。这次分析是《1967年10月9日提案》中转移的另一种体现。

拉康曾在多篇文章中讨论过弗洛伊德遗忘西诺雷利之名的

---

[1] 拉康:《精神分析的四个基础概念》,巴黎:门槛出版社,1973年,第58页。
[2] 齐克果(1813—1855),丹麦神学家、哲学家及作家,被视为存在主义之父。——译者注
[3] 拉康:《精神分析的四个基础概念》,巴黎:门槛出版社,1973年,第35页。齐克果指出的年轻父亲是曾经被诅咒的上帝。

例子。在1954年的研讨班"弗洛伊德的技术著作"①中，拉康第一次通过这个例子，展示了弗洛伊德如何在想象性的关系中制作，他称为的"实语（la parole pleine）"的"显示屏"。此外，拉康当时还使用了海德格尔的假定：向死而生，即是存在的真理。

大家还记得，弗洛伊德忘记了西诺雷利这个名字之后一度陷入了沉默，在他与同行的一位柏林律师的谈话中，对方转述了一句关于波斯尼亚人的俗语："先生，当这个［性欲］不再旺盛时，生活也就没什么值得享受的了。"弗洛伊德不想和陌生人谈论这个过于私密的话题，尤其是当他得知自己的一位病人因为性问题自杀的消息后，更令他心有余悸。由于弗洛伊德在旅途中习惯说意大利语，因此德语Herr（先生）翻译为意大利语Signor，这个意大利词被他的无意识压抑了，于是他遗忘了西诺雷利（Signorelli）这个名字。

在《无意识地构成》②中，拉康使用他正在阐述的隐喻公式来解读弗洛伊德的遗忘。他认为，遗忘与妙语（比如"famil-

---

① 拉康：《弗洛伊德的技术著作》，巴黎：门槛出版社。同见《书写》，巴黎：门槛出版社，1966年，第379—447页。
② 拉康：《无意识地构成》，1957年11月20日和13日研讨班记录稿，未出版。

lionnaire"[1]）相反，源于人们期待一个隐喻性的词语来面对真实的死亡，它是绝对的统治者，就如太阳般令我们无法直视，[2]而这个隐喻性的词语总是缺失的，隐喻的背后总有一个黑洞。"Signor"一词的存在，是弗洛伊德由于遗忘而制造出的一个失败的隐喻。这个黑洞也是"Signor"这个词被压抑的地方，其中出现了换喻式的语言碎片、替代性的词（比如：Boltraffio, Botticelli），以及画家西诺雷利清晰的形象。以下是拉康关于隐喻的书写公式：

$$\frac{S}{S'} \cdot \frac{S'}{X} \to S\left(\frac{1}{s}\right)$$

拉康将弗洛伊德对西诺雷利之名的遗忘纳入此公式：

$$\frac{X}{Sig/nor} \quad \frac{Signor}{Herr}$$

X代表缺失的隐喻能指，Herr代表换喻的客体，也就是死亡。正是死亡使这位医生（弗洛伊德）受到了挫折。

拉康使用这个书写公式来解读遗忘。在此公式下，压抑（unterdrückt）针对"Herr"这个词，而移置（verdrängt）则是针

---

[1] Famillionnaire，这个被视作妙语的新词来自作家海因里希·海涅的一个笑话：一个彩票收藏者向作家夸耀自己与富有的罗斯柴尔德男爵的关系，最后说："正如上帝会赐予我祝福一样，海涅博士，我坐在罗斯柴尔德男爵旁边，他对我一视同仁，就像Famillionnaire一样。"这位彩票收藏者为了表明自己与男爵的关系，无意识地发明了这个新词，它由两个词浓缩组合而来：famille（家人）+millionnaire（百万富翁）。弗洛伊德分析了这个笑话，认为在语言中，这个有趣的浓缩和替代形成的过程是笑话的运作核心，也是梦的工作机制。——译者注

[2] 罗什福科：《十七世纪的伦理学家的反思：格言与道德准则》，巴黎：罗伯特·拉丰特出版社，1992年，第137页。

对"Signor"这个词，导致西诺雷利（Signorelli）这个名字在图表上的信息（message）与代码（code）之间发生了移动，转了一圈还是未能被意识到。

在分析被遗忘的西诺雷利之名（Signorelli）时，拉康参考的这个隐喻公式甚至可以被用来表达父性隐喻，但这并不意味着可以将父姓与专有名词等同起来，只能表明两者之间存在着某种关系，或者说，拉康从两者关系的角度探讨专有名词与遗忘的问题。在拉康书写的公式中，"Signorelli"并不能取代X的位置。X的位置虚席以待一个专有名词式的隐喻性能指。因此，这个专有名词依赖于一个隐喻性的能指，它占据着与父姓相同的位置，也许还涉及在父姓之中的某位现实父亲的一个姓名……尽管如此，为了被遗忘的西诺雷利之名而使用的隐喻公式展示出，除了丧失，父姓功能还存在其他的不足之处。但这被拉康当作一个例外，并没有在其著作《写作》中强调这点。

1965年，拉康第三次分析了被遗忘的西诺雷利之名，[①]但此时专有名词的问题已经不再与父姓直接联系在一起了。我们观察到该时期有一个特别的现象：与父姓相关的一些问题被拉康暂时搁置了，而他对其他问题的强调也许是为了迂回地联系到父姓的问题。在这种情况下，拉康再次讨论了他已经研究过的这个例子就更加引人注意了。

首先，拉康指出被压抑的并不是"Signor"，而仅仅是

[①] 拉康：《精神分析的重要问题》，1965年1月6日研讨班记录稿，未出版。

雅克·拉康的"父姓"——标点与问题
Les noms du père chez Jacques Lacan
Ponctuations et problématiques

"Sign-"被压抑了,因为"o"在"Boltraffio"和"Botticelli"中残存了下来。其次,弗洛伊德在注释中附了一个圆形图示。拉康的新阐释推翻了弗洛伊德以及前辈们关于压抑这个词"Signor"的解释。这个"Sign"代表了西格蒙德·弗洛伊德(Sigmund Freud)中的"Sigm"。换一种说法,弗洛伊德压抑的正是他自己的名字,同时也是组成他姓氏的一部分。这就是他的签名,也是斯多葛派的签名。

在拉康新的阐释中,"Herr"不再被视作隐藏的换喻,相反它凸显出来,因而不再表示死亡,而是代表了弗洛伊德对医学角色的想象性认同,使我们深入探究"Sign-"潜藏的内容(被压抑的Sign-)。这意味着他真正欲望着其认同的位置,也就是西诺雷利(Signorelli)事件中的盲点,此盲点对应的正是道一。

对专有名词的遗忘揭露了一个由道一产生的缺失的结构点,等同于克莱因瓶①中的孔洞:

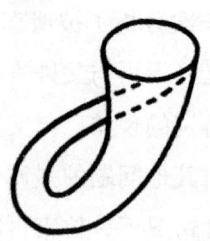

从这种缺失来看,专有名词起到了缝补的作用,以形成一

---

① 在数学领域,克莱因瓶(une bouteille de Klein)是指一种无定向性的平面,比如二维平面,就没有内部和外部之分。克莱因瓶最初的概念是由德国数学家费利克斯·克莱因提出来的。另外,克莱因瓶与莫比乌斯带非常相似。——译者注

种假性认同："在失败的话语（rhésis）的秩序中，总是发挥分类功能的专有名词呈现了一种裂缝、缺失，它并非表征一种极端醒目的特性，更确切地说，它是主体的缺口，尽管我们使用专有名词恰恰是为了缝补这个缺口，掩盖它。"①而且："它并不是［……］因为典型性而被特别地命名为专有名词，相反，其存在是为了表明它可以是缺失的，同时也暗示了主体缺失的程度及缺口的等级，从这个角度来看，专有名词是不可替代的。我称自己为'雅克·拉康'时，并非作为某一个个体，而是作为某个可能缺失的东西，使用作为专有名词的姓名这一方式起到什么作用呢？它掩盖了另一种缺失。可见专有名词有一种传播的功能，正如人们所言，专有名词（其中一部分是可以在语言中传播的人称代词）具有一种传播功能。它可以为主体填补这些缺口，为主体形成关闭装置，给予主体一种表面上假的缝合功能。"②

在研讨班"精神分析的重要问题"中，相对于专有名词的问题，拉康关于父姓这一问题的论述则显得并不确定且模糊不清，他也并没将两者联系起来。拉康仍然习惯性地处理父姓的问题："从杀死父亲的欲望开始，我就转而研究父姓了，因为这个问题是围绕着'姓'，而非从任何漫无边际的单词展开，因此

---

① 拉康:《精神分析的重要问题》，1965年4月7日研讨班记录稿，未出版。"rhésis"意指讲话行为、言语、辞说。这个词的词根为"réo"，意指我正在讲话，与演说家（rhéteur）是同一词根。结合上下文，在此句中我们把它翻译为"话语"。——译者注
② 拉康:《精神分析的重要问题》，1965年1月6日研讨班记录稿，未出版。

雅克·拉康的"父姓"——标点与问题
Les noms du père chez Jacques Lacan
Ponctuations et problématiques

父姓一直都停留在'姓'的水平上，也即'姓'本身再现的水平上，这至少让我们在（日常生活的精神病理学的）整个经验领域中，完善了弗洛伊德对于该问题的定位。"[1]在另一部分中，拉康将父姓与律法联系在一起："在律法的基础领域中，大他者的欲望与主体的欲望不可避免地相遇了，但它们并不是联系在一起的，换种说法，它们像我给大家看的瓶子一样扭曲在一起。这是不可思议的，并且这两者的相遇需要媒介。毫无疑问，此重要的媒介应该与律法联系在一起，也就是说，律法被称为父姓的某种东西支撑着。这是一个完全精确且清晰的关于认同的领域，我曾经被'卡'在这个领域上，难以发现其中的奥义所在，因而我过早地停下了脚步。但在当时所处的层面上，我还是观察到在转移中，总是涉及通过某种认同来弥合大他者的欲望与欲望的根本性问题。"[2]值得注意的是，拉康在提到"父姓"研讨班的中断时，马上过渡到了转移的问题上。此外，拉康说他曾被"阻止"举办研讨班，并做出带有自己感情色彩的反应。他在"父姓"前一年举办的"焦虑"研讨班中，区分并研究了情感和障碍这两个主题。障碍处于抑制与功能紊乱之间，与情绪联合在一起诱发了症状。

---

[1] 拉康：《精神分析的重要问题》，1965年1月13日研讨班记录稿，未出版。
[2] 拉康：《精神分析的重要问题》，1965年2月3日研讨班记录稿，未出版。

1963年至1964年及1968年之间研讨班的简单摘要

抑制	障碍	功能紊乱
情绪	症状	付诸行动
激动不安	行动化	焦虑

→ 困难

↓ 变化

除了我们刚才介绍的内容之外,拉康在1964年至1968年之间还明确地提到了父姓,他的本意是要坚持提醒自己不要忘记已经停止了的"父姓"研讨班。拉康利用一些机会发表关于停止研讨班的观点,就像前面引述的他在1965年研讨班上的表态。

拉康从"精神分析的四个基础概念"的第一次研讨班开始,就把他被禁止教学这件事比作斯宾诺莎[①]被逐出教会。在前面的相关引文中,他说自己的研讨班被"停止"之时,"非常巧合"的是他当时正在问询弗洛伊德的欲望,宣称弗氏欲望中的有些东西从未被分析过。[②]正如我们已经提及的,拉康是唯一一个注意到并强调这种巧合的人,并且还赋予了它一种因果价值。显然,他的这种阐释对于我们理解父姓具有至关重要的意义,我们工作的目的就是协助拉康发挥影响力。质询弗洛伊德的欲望是一种亵渎吗?关于这一点,拉康并没有告诉我们更多。

---

① 拉康:《精神分析的四个基础概念》,巴黎:门槛出版社,1973年,第9页。
② 同上,第16页。

雅克·拉康的"父姓"——标点与问题
Les noms du père chez Jacques Lacan
Ponctuations et problématiques

这样说的原因在于他并没有完成关于父姓的研讨班,直到20世纪70年代,他才开始拨开迷雾。

《科学与真理》是"精神分析的目标"研讨班第一期的手稿,1965年12月1日,拉康写道:"我似乎只是定义了犹太教的传统特征。毫无疑问,这些特征证明了它的好处,使我们转而放弃将对《圣经》的研究和父姓功能联系起来。"他在脚注中补充道:"我们宣告于1963年至1964年举办的关于'父姓'的研讨班现已搁置。1963年11月此研讨班的第一节课结束后,我们就放弃举办了十年研讨班的圣安妮医院的教室。"[1]

拉康承认研讨班的中断是一种无可挽回的损失,他还尚未克服从中带来的失落感,更无法得到任何慰藉。这种失落感与"父姓功能和《圣经》的研究"相关。确实,这种联系始于他在1963年11月20日的唯一一次与"父姓"相关的研讨班内容,当日他提到了《旧约》中的上帝之名、以撒献祭(父亲用公羊代替了以撒,作为给上帝的祭品[2]),以及摩西与燃烧的荆棘等情节。这种讨论父姓的方式特别符合拉康的意愿。该方式明确了父姓这一概念的宗教根源,同时也反映了《新约》的转变。拉康通过将父姓功能与《旧约》联系起来进行研究,融入了弗洛伊德强调犹太教字面意义的传统。

---

[1] 拉康:《书写》,巴黎:门槛出版社,1966年,第873—874页。
[2] 拉康在1972年6月1日的研讨班"精神分析家的知识"的记录稿中(未出版)再次提到了这个故事。

此外，拉康还谈到了研讨班的"储备"，并在《1967年10月9日提案》中使用了这个词："那些精神分析家们的知识，可以在他们与'储备'的关系中找到痕迹，所有名副其实的知识逻辑都是根据这种关系运作的。但它并不意味着某种'特殊性'，也必须以一连串严谨的字母表达出来。重要的是，不要错过任何一个字母，'无知（le non-su）'在此被赋予了一种知识的框架。"① 我们认为，拉康在1965年并没有绝对排除再次举办"父姓"研讨班的可能性（即使不会很快），正如他在研讨班"精神分析的重要问题"中说的那样，无论如何，拉康都认为即使不再举办该研讨班，它也保留了一种知识的框架。这正是他当时想要明确表达的，即在真理与知识之间进行主体的分化。

　　拉康在研讨班"幻想的逻辑"中两次提到中断的"父姓"研讨班时，都援引了《圣经》的文本。他首先参考了《创世纪》的第一篇文本进行讨论："这就是我今天重新提到犹太教传统的原因，说实话，我准备了很多内容要讲，甚至坚持读完了希伯来语学者评注《圣经》的文章。所有这些工作都让我无法沉默，我原本打算围绕父姓的主题展开讨论，但研讨班的中断使一些内容没有机会展开说明，特别是《创世纪》的第一句话：埃奴

---

① 拉康：《1967年10月9日提案》，摘自《西利色》第1期，巴黎：门槛出版社，1968年，第20页。

雅克·拉康的"父姓"——标点与问题
Les noms du père chez Jacques Lacan
Ponctuations et problématiques

玛·埃里什创造了天空和大地（Beréshit Bârâ Elohim），①天空是指上帝的殿堂（un beth）。②据说我们今天还在使用的这个字母：A，也就是aleph（希伯来语字母表中的第一个字母），最初并不属于创造物之列。这恰恰表明了一种自我补偿式的创造类型：只要其中一个字母不存在，那么其他字母就会发挥作用。毫无疑问，正是得益于缺失，所有丰富而多产的创造才能存在。"③两个月之后，拉康再次谈到了被中断的研讨班时，提到了《出埃及记》第3章中上帝与摩西相遇的故事："我做梦都想为这几个向我求助的年轻人帮一个忙，解释清楚他们与'姓名'的关系问题［……］上帝的姓名是无法言说的，我们必须看到，上帝以'我'来表达自己，并非如同普罗提尼苍白地将其解释为'我就是那个我'那样简单。是的，正如我一再提起的，我曾经想为这几个年轻人做这件事，但只要我不再提起父姓这个问题，那就永远不要提这件事了。"④

1966年11月20日，拉康在研讨班"幻想的逻辑"中已经强调了"Beréshit"（希伯来语，意指：开端，起初）一词，他引用

---

① "埃奴玛·埃里什创造了天空和大地"，摘自乔拉基翻译版《圣经》，德斯克勒·德·布劳威尔出版社，1985年。"太初创造了天空和大地"，摘自塞贡翻译版《圣经》，巴黎：圣经之家出版社，1952年。
② Un beth，是希伯来语，意指"房子"或"家庭"。在《圣经》中，它经常被用来指代耶路撒冷的圣殿，那里也被认为是上帝的殿堂。——译者注
③ 拉康：《幻想的逻辑》，1966年11月23日研讨班记录稿，未出版。
④ 拉康：《幻想的逻辑》，1967年1月25日研讨班记录稿，未出版。

了《教父篇》①（《教父伦理》）中继《圣经》时代之后的以色列智者的传统：亚伯拉罕以公羊代替以撒献祭给上帝，该行为创造了这一传统的"开端"，也表明了上帝的身份：埃里什（Elohim，希伯来语，表达"神"的概念），这是父亲的姓名之一。拉康利用犹太教的传统来强调父姓在动物献祭中的基点，除此之外，还有传递父姓的文本文字。他同时还补充说，这种文本文字之所以有效，是因为缺失一个字母，也就是缺少"aleph"。被迫"退回"的研讨班像是一封未送达的信，拉康的创作要求牺牲一个研讨班，但却诞生了其他研讨班。这就触及以拉康的父姓问题为核心的神圣维度。

拉康选择"退回（rengainé）"一词来形容"父姓"研讨班的中断，可以说是相当明智。"退回（rengainer）"作为动词最早出现在16世纪，之后在17世纪才被用作形容词。该词源自"gaine"，它本身的词根是"vagina"。而"rengaine"直接从17世纪的"rengainer"中派生出来，意指"拒绝"。"'一再重复以至言辞令人生厌'，以及延伸含义'女性化'在（1807年）之后被固定下来，它的发展可以解释为：隐瞒我们原本想要宣布的消

---

① 《教父篇》，摩西·迈蒙尼德、拉希、阿伯努·郁娜等注释，拉格拉斯（法）：韦尔笛耶出版社，1990年，第227页（第5章）："在安息日前夕的昼夜交替之时，会有十种东西被创造出来：地洞、泉水口、母驴的嘴、彩虹、双耳柳条筐、拐杖、查米尔、文字、书面语言以及契约书桌。还有人补充：恶魔、摩西的坟墓和我们祖先亚伯拉罕的公羊。又有人补充：用钳子做的钳子。"

雅克·拉康的"父姓"——标点与问题
Les noms du père chez Jacques Lacan
Ponctuations et problématiques

息，常常会导致重复同样的结果。"[①]在父姓的问题上，拉康难道不是通过言犹未尽来鼓励人们重复这个问题吗？在我们看来，就算忽略1963年的这场危机，拉康也是分析运动悲剧舞台上的主角，情况就是如此。

在研讨班"幻想的逻辑"中，拉康并没有排除再次讨论父姓的可能性，但他在文章《被假设应知的主体的忽视》中则认为已经不存在这种可能性了，并写道："天父的位置，就是我指出的父姓的位置，我本打算在研讨班的第十三个年头对父姓进行讨论（当时是我在圣安妮医院举办研讨班的第十一个年头），但我的精神分析家同人们的行为让我终止了这个只举办了一次的研讨班。我再也不会讨论这个主题了，因为我从中看到了精神分析的封印尚未解除。"[②]

付诸行动（passage à l'acte）这一术语的再次使用，使1963年的危机具有了临床意义。在拉康的研讨班"焦虑"[③]中，付诸行动与行动化（l'acting-out）并不相同，付诸行动位于情绪与障碍的交叉面上，正如我们在之前的表格中看到的那样。弗洛伊德在《论一例女同性恋案例的心理起源》（出版于1920年）一文中论述了他治疗的一位年轻女性，将她的"一跳了之（laisser

---

[①] 艾耶主编：《法语历史字典》，巴黎：勒罗伯特词典出版社，1992年。
[②] 拉康：《假设主体的忽视》，摘自《西利色》第1期，巴黎：门槛出版社，1968年，第39页。这篇文章也是拉康在1967年12月14日那不勒斯会议上的发言稿。
[③] 拉康：《焦虑》，特别参见1963年1月23日研讨班记录稿，未出版。

tomber）"命名为付诸行动。[①]这名年轻女性年幼时，尽管也曾幻想过拥有父亲的孩子，但还是在（父亲让）母亲再次怀孕后感到失望，并被女性吸引。一天，她和一位女士散步时遇到了她的父亲，并对上了他愤怒的逼视，就这样，她径直跑向了小路下方的铁轨。弗洛伊德认为，她的付诸行动意味着一种对父亲的渴望和期盼母亲死亡的自我惩罚，以及，因为父亲的错误，而使她放弃（德语：niederkommen lassen；在法语中的意思是放弃、堕落和分娩）实现拥有父亲孩子的欲望。

而拉康在研讨班"焦虑"中的观点则不同，他认为付诸行动是由她父亲（她的律法）逼视导致的尴尬结果，而当时，她的这位女朋友，也就是为她充当骑士的这位女士，刚刚宣布要离开她，这使她变得情绪非常激动。在这个"一跳了之"的常用方式中，付诸行动将主体与作为客体的a联系在一起，当（她对这位女士的）欲望和（父亲的）律法相碰撞时，付诸行动就表达为一种本质上的排斥。

拉康将同行们对他的排斥称为"付诸行动"，而他最终扭转了局面。真正被排斥的是那些付诸行动的同行们。当这些同行们正在与"好母亲"（指IPA）勾勾搭搭时，拉康使用他称之为的"被假设应知的主体"划定了理性的界限，展示了父姓的运作——来自父亲的逼视，这使他们陷入了尴尬的情绪中，导致

[①] 弗洛伊德，摘自《神经症、精神病与倒错》，巴黎：PUF出版社，1973年。

雅克·拉康的"父姓"——标点与问题
Les noms du père chez Jacques Lacan
Ponctuations et problématiques

他们把拉康排除在精神分析领域之外。

最终在研讨班"精神分析的行动"中,拉康简短地提到,如果1963年的研讨班顺利举行的话,他可能会针对俄狄浦斯情结说些什么:"难道这不应该开始唤醒你们内在的思考吗?它引发了同类症状,在弗洛伊德理论中被概括成俄狄浦斯情结的三元功能,而在真正的层面上,还尚未有人对此进行过细致的研究,顺便说一句,我没有完成这项研究工作,你们知道为什么。这就是我在关于'父姓'的研讨班上为你们准备的内容,当时我就已经表明,如果我开始进入这个领域[……]在我看来,对于我们进入的这个领域,他们有点脆弱,我指的是那些对精神分析领域有兴趣,也足够了解的人。在这里,父姓被这些人禁止以任何方式占据舞台,因为他们认为它既不是悲剧,也不是俄狄浦斯情结的循环。"①

拉康所谓的"被概括成俄狄浦斯情结的三元功能",参照了索福克勒斯的悲剧与弗洛伊德在《图腾与禁忌》中提出的"科学神话"(拉康所说的"失语戏剧")、《摩西与一神教》(或更确切地说,是《摩西人与一神教》),以及弗洛伊德在1934年最初的版本中将副标题定为《一部历史小说》之间发生的俄狄浦斯功能的变化。弗洛伊德认为俄狄浦斯的故事分为悲剧版、神话版和历史版。在索福克勒斯的悲剧版本中,拉康将主体的分

---

① 拉康:《精神分析的行动》,1968年2月21日研讨班记录稿,未出版。

化置于$和a之间，a代表了悲剧英雄，在戏剧结束时被抛弃了，而$是指完成分化的主体，代表着观众和合唱团之间的分化。

拉康在另一场危机中（以及在其研讨班"一个不是假装的辞说"中）进一步澄清了此三元功能的含义，这就是1969年时发生的转折。另外，五月风暴[①]导致研讨班"精神分析的行动"被迫中断。

[①] 五月风暴是1968年5月至6月在法国爆发的一场学生罢课、工人罢工的群众运动。起因是1968年3月22日巴黎楠泰尔文学院学生集会，抗议政府逮捕为反对越南战争向美国在巴黎的产业投掷炸弹的学生。此事件愈演愈烈，之后法国工会号召全国工人总罢工支持学生，千百万工人加入了运动。最终导致法国经济混乱。5月24日，法国总统戴高乐发表演说，与总工会达成复工协议，风暴趋于平静。1968年6月"五月风暴"正式结束。——译者注

研讨班"从大他者到小他者"的转折
（1968—1969）

在之前的研讨班"精神分析的目标""幻想的逻辑""精神分析的行动"中，拉康完全没有提到父姓，但在"从大他者到小他者"的研讨班中这一术语突然再次出现。

研讨班"从大他者到小他者"中，父姓概念的回归

就像1963年一样，术语"父姓"与上帝之名再次联系在一起，此处的上帝是指亚伯拉罕、以撒与雅各布叙述中的上帝（而不是帕斯卡尔说的哲学家观念中的上帝），也就是这个无法言说自己姓名的上帝。

弗洛伊德犹太人的身份使他习惯于谈论父姓。[①]他将被杀的父亲视为父姓："父亲在开头就已死亡，留下的只是父姓，之后的一切都围绕着它展开。"[②]该术语促使拉康思考弗洛伊德的犹太传统，并在《禁忌和图腾》与《旧约》之间建立了联系，而非陷入到将精神分析概念当作犹太科学的偏见中。

然而，除了弑父的神话以外，拉康还认为如果要证明"父姓"概念的合理性，就要用到弗洛伊德已经认识到的谚语"孩

---

① 拉康：《从大他者到小他者》，1969年2月12日研讨班记录稿，未出版。
② 拉康：《从大他者到小他者》，1969年1月29日研讨班记录稿，未出版。

雅克·拉康的"父姓"——标点与问题
Les noms du père chez Jacques Lacan
Ponctuations et problématiques

子父亲的身份始终是个问题"（拉丁语：pater semper incertus est）包含的真理上[①]："这句话说明了一切，父亲的功能作为一个姓名，一个辞说的枢纽，明确地表达了我们将永远无法知道谁才是'父亲'。这种寻找和追问实质上印证了一个信仰的问题。随着科学的进步，我们得以在一些条件下认识拥有父亲身份的人，但在本质上'父亲'仍然是未知的。"[②] 既然如此，我们就可以理解父亲的姓名无法被言说的事实了。

当拉康重新开始讨论父姓这一主题时，依然坚持并强调1963年停止讨论父姓的事件并非偶然："我会在开始就点明这个父姓的问题，因为这也许是将迷茫的你们从迷恋效应中拉出来的最好方式。我一直强调，未能谈论父姓并非偶然……"[③] 就像拉康为了表明一种行动目的而常常玩的文字游戏一样：
"［……］关于上帝的实体性，是我们至今都无法触及的话题。这曾经是我关于'父姓'研讨班的一个章节内容，但正如大家所知，我给它打了一个叉号，而这些就是我要说的。"[④]

拉康完全没有排斥再次对该主题的回归："在第一次研讨班后，即当年我停止的那个研讨班之后，我就开始讨论以撒的献祭，而当时的祭师正是亚伯拉罕。这当然是些值得开展讨论的内容，但考虑到其形成的背景，甚至是听众的变化，我鲜有机

[①] 参见弗洛伊德《鼠人》，巴黎：PUF出版社，1984年。
[②] 拉康：《从大他者到小他者》，1969年1月29日研讨班记录稿，未出版。
[③] 拉康：《从大他者到小他者》，1969年1月22日研讨班记录稿，未出版。
[④] 拉康：《从大他者到小他者》，1968年12月4日研讨班记录稿，未出版。

研讨班"从大他者到小他者"的转折（1968—1969）

会再次回到这个主题上来。"①

鉴于这些变化，拉康无论如何都无法回到1963年的这个主题上。对于他而言，问题的关键并非要说出1963年没有讲的内容，这样反而会使他的行为变得无效。因为正是那些之前没有讲的行为本身变成了他言说的一部分。随着时间的流逝，我们发现这场研讨班中未讲的内容占据了一个特殊的位置，这支撑了拉康关于父姓的解释，此特殊的位置就是半说的秩序②。一些无法言明的内容显然比父姓的本质显得更加重要。未被宣布的研讨班本身变成了一个难以描述的标记，作为这种标记，即使它并不一定是拉康最初的意图，也是一个关于父姓的元素。它成为一个姓——或许，对拉康而言，它就是父姓。这一点体现在一个含糊不清的转折中："［……］我必须说明在前段时间里，我的论述为什么会围绕着这个名为'父姓'的小问题，它仍然像一条鸿沟，我甚至开始质疑这个词的翻译［……］。"③父姓的概念不仅仅包含鸿沟的问题，它本身就是鸿沟之名，鸿沟就是父姓的一部分。

当然，我们会问：为什么拉康要在1968年至1969年之间的"从大他者到小他者"的研讨班中再次提及父姓，而非其他时候？

---

① 拉康：《从大他者到小他者》，1969年2月12日研讨班记录稿，未出版。
② 半说，是拉康发明的一个新术语，意指没有人能够完全表达真理。从真理的结构上讲，它只能被表达出一半内容，而另一半内容则无法被表达出来。——译者注
③ 拉康：《从大他者到小他者》，1968年12月4日研讨班记录稿，未出版。

雅克·拉康的"父姓"——标点与问题
Les noms du père chez Jacques Lacan
Ponctuations et problématiques

对此，我们必须将理论与制度事件结合在一起，将它们当作一种因素来考虑，因为这常常发生在拉康身上。1969年，在法国的精神分析圈发生了自1963年以来的第一次分裂，这次是拉康运动的内部分裂，也就是EFP的内部分裂。其争端在于"通过（passe）"的流程问题。从《1967年10月9日提案》起，EFP内部就开始讨论如何将授权程序的两个"等级"在分析家学校（简称：AE）和分析家成员学校（简称：AME）的任命程序中付诸实施。[①] 1968年2月1日，第一个授权委员会成立（在"通过"之后，AE也成立了授权委员会）。1968年12月，拉康起草了《获得巴黎弗洛伊德学校精神分析家资格的主要原则》，[②] 这引发了一些争论，并促成了其他方案的诞生。其中的三项原则（包括拉康的起草文件）在1969年1月25日和26日的协会全体大会上按照优先表决程序进行投票（参考孔多塞特效应），拉康的提案获得通过。皮耶拉·卡斯托亚迪-奥拉格尼尔[③]、佩里埃、让-保罗·瓦拉布格[④]因此退出了EFP，随后创建了"第四小组"。

如同1963年一样，拉康在研讨班"从大他者到小他者"中

[①] 参见拉康《1967年10月9日提案》，摘自《西利色》第1期，巴黎：门槛出版社，1968年，第20页。
[②] 参见《西利色》，巴黎：门槛出版社，1970年，第30页。
[③] 皮耶拉·卡斯托亚迪-奥拉格尼尔（1923—1990），意大利籍法国精神病学家、精神分析家。——译者注
[④] 让-保罗·瓦拉布格（1922—2011），法国哲学家、精神分析家。——译者注

进行讨论的目的，就是将这种分裂与父姓的主题建立一种联系，尤其在1969年1月22日和29日的研讨班，他再次讨论了父姓这一主题。

鉴于EFP的"通过"程序将命名视作付诸行动，我们有理由将以拉康起草的三项原则为中心的争论，与回归到该主题的讨论进行对照。

1969年的历史以惊人的方式戏剧性地重演了1963年发生的事件。1963年，拉康离开了圣安妮医院。他"离开了圣安妮这个位置"之后，前往乌尔姆街的巴黎高等师范学校（简称：ENS）；1969年6月他被迫离开了ENS，转往位于万神殿广场的法学院继续举办研讨班。

1968年，拉康被迫离开乌尔姆街之后，他的听众们就闯入了弗拉西利亚尔[①]的主任办公室进行抗议。拉康在次年的研讨班"精神分析的反面"中再次提及此事："ENS，这三个大写字母如此美妙，它们表达的是'存在'。我们一直都知道如何利用字面上的同音异义，尤其是这三个大写字母表达了另一层含义：教授（enseigner）。这就是我们在乌尔姆街意识到的，即是我曾经说过的一种教学。"[②] 但矛盾的是，就在当时，他被要求离开ENS。

我们认为，出于教学内在衔接的要求，拉康允许自己在

---
① 弗拉西利亚尔（1904—1982），法国哲学家、巴黎高等师范学校教授。——译者注
② 拉康：《精神分析的反面》，巴黎：门槛出版社，1991年，第16页。

雅克·拉康的"父姓"——标点与问题
Les noms du père chez Jacques Lacan
Ponctuations et problématiques

1969年再次讨论父姓。1963年之后，拉康再次将父姓以一种不同的方式呈现在我们面前，而到了1969年，他在发明新的术语"半说（mi‑dit）"的同时，通过将能指 S_2 作为"知识（savoir）"来命名，建立并发展了他教学的新阶段。幸运的是，此新阶段发生在1969年，因为这一年正是上述研讨班结束的时候。① 1969年，环路的第二个转折点与第一个转折点——作为零起点的1963年交会。

1969年之前，参照笛卡尔的"被假设应知的主体"

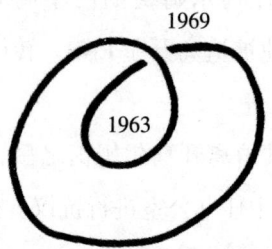

为了理解拉康如何在1969年完成被假设应知的主体这一问题的闭环，我们必须回到此概念的起始点，即1961年的研讨班"认同"中。当此概念第一次被提出时，拉康是用它来谴责分析家应该抛弃的一种哲学偏见："我们的任务正是［……］从根本上颠覆这种最极端的偏见……尽管此偏见是哲学发展真正的支撑，我们也可以说，它是一种超越我们经验的限制，在限制之外才有无意识开始的可能性……从笛卡尔的我思（cogito）开始

---
① 拉康：《精神分析的反面》，巴黎：门槛出版社，1991年，第86页。

发展而来的哲学谱系中，从未有过单一的主体。最后，我要为大家揭示，以此方式运行的正是被假设应知的主体。"[1]因此，在转移和被假设应知的主体之间建立一种连接是完全没有问题的。被假设应知的主体"对我们来说，是不能接受的一个独立概念"。它的基础是黑格尔的绝对知识（savoir absolu），但"我们必须学会每时每刻都能超越它"[2]。如果与被假设应知的主体相对立的是分化的主体，那么它同样也继承了笛卡尔关于我思的"付诸行动"[3]，拉康借用大量的数学公式（如道一的"一"与虚数"$i=\sqrt{-1}$"和除法）来说明这两者，并将其解释为"我是"和"我思"。[4]

1964年，也就是在1963年的"父姓"研讨班中断之后，拉康才在研讨班"精神分析的四个基础概念"中，通过在笛卡尔和黑格尔之间建立的一种张力，将转移与被假设应知的主体连接在一起，并最终在1969年圆满完成该理论假设。

拉康指出，被假设应知的主体的第一个参照来自笛卡尔的上帝。因为上帝希望真理永恒，因此他便成为永恒真理的保证。上帝的保证具有一种必然性，如同"道一"一样运作，产生于我思的主体消逝的边界上："在笛卡尔经验的边界上，我们发现

---

[1] 拉康：《认同》，1961年11月15日研讨班记录稿，未出版。
[2] 拉康：《认同》，1961年11月22日研讨班记录稿，未出版。
[3] 此处的付诸行动可以理解为，作为公认的理性主义代表人，笛卡尔的德性定义颇具特色：德性是"一种坚定且持久的决心，将理性做出的最好的判断付诸行动"。——译者注
[4] 拉康：《认同》，1962年1月10日研讨班记录稿，未出版。

这样一种消逝的主体，这就是保证的必然性，此主体具有最简单的道一的特征。可以这样说，道一是完全非人格化的，不仅内部所有主观内容如此，而且超出道一的所有变化亦然，这就是道一的唯一性。"① 在笛卡尔的《沉思录》中，我思的确定性并非由作为上帝存在的证据得以保证。在《沉思录》第三卷中，笛卡尔在我思之后便又开始了怀疑，而上帝的欺骗者形象仍然萦绕于他的逻辑中。但上帝不应当是欺骗者，因为"自然之光让我们明白，欺骗必须依某种缺陷而定。"② 从这一角度来看，上帝并不完美。然而，上帝又的确是完美和无限的，他之所以如此存在，是因为他是从有限的生命中孕育出来的："因为在我的内心中，没有任何一个比我更加完美的存在，通过参照这个存在，我认识到了自己本性中的缺陷，那又怎么可能不意识到自己的怀疑和渴望呢，也就是说，我缺失了一个东西，因此我并不是完美的？"③ 积少成多，特别是如果这个"多"难以让人理解："由于我的本性，我无法理解无限。如果我心中的完美性超越我的观念，那么其来源必然是上帝，这种完美性以一种卓越的形式存在于上帝之中，我必须对此观念有更加真实、更加清晰的认识，从而使我与所有在我精神中的其他观念保持距

---

① 拉康：《认同》，1961年11月22日研讨班记录稿，未出版。
② 笛卡尔：《形而上学的沉思》，巴黎：卡尔尼·弗拉马林出版社，1979年，第129页。
③ 同②，第117页。

离。"①

这些观念具有一种客观现实性，它使公理在观点和现实之间搭建了一座桥梁："依据公理，我们观念的客观性必须以一种原因为前提，此原因以非客观，但正式或卓越的形式反映了同一种现实，因此公理提供了第一座基础性的桥梁，以使这些观念与其相关真理的客观意识联系起来。[……]在观念和现实之间的这座桥梁一旦被抛弃，就有可能使我们确定上帝的存在和本质。如前所述，上帝的观念需要一个原因，这一原因也应在正式或卓越的形式上与上帝有相同的特性（也就是说，原因作为独立的现实对象，必须具有与观念相同的基本特征）。因此，我们认为上帝的观念具有完美性的同时，也就承认了上帝的完美性。"②

我们注意到拉康再次思考了被波普金称为客观现实的"公理"，我们认为这涉及了拉康创造基式和研究拓扑学的关键："我努力在你们面前说明的是[a=a重言式的]富有成效（fécondité），这种富有成效恰恰建立在客观事实上。我使用的客观与笛卡尔文章中客观的意义是相同的，但当我们再深入一点，就会观察到在观念的问题上，当前现实的观念与客观现实的观

---

① 笛卡尔：《形而上学的沉思》，巴黎：卡尔尼·弗拉马林出版社，1979年，第119页。
② 理查德·波金：《怀疑论的历史——从伊拉斯谟到斯宾诺莎》，巴黎：PUF出版社，1995年，第242—243页。

念之间出现了区分。"[1] 但拉康并没有将客观现实置于与笛卡尔相同的层面上,他并未被上帝存在的论证说服。在拉康看来,笛卡尔的"错误"恰恰在于"没有使'我思'成为一个单纯的'我'消解的位置"[2]。他补充道:"他(笛卡尔)将知识的领域置于更加广泛的主体,即被假设应知的主体之上。"从这点开始,在知识与真理之间,主体的分化问题被提了出来,而精神分析家正是在此问题上进行干预的。

正如拉康在研讨班"精神分析的四个基础概念"中所言,"笛卡尔正在为一门与上帝无关的科学奠定基础。"[3] 但问题是:"如果科学被认为是与上帝无关的,那么它可以被分析吗?"[4] 答案是否定的,因为科学是通过拒绝真理构建而成的,科学处于知识与主体的辩证之外,精神分析无法接受,因为精神分析本身就是在症状中寻求真理的回归。这也就是为什么精神分析对上帝没有失去兴趣的原因。

拉康指出:"笛卡尔的方法不是一种追求真理的方法,在我看来,他的观点并没有得到充分阐述。笛卡尔的方法之所以富有成效,恰恰在于他为自己设定了一个对象、一个目的,那就是确定性。但真理却要依附于大他者,简单来说,它依附在上

---

[1] 拉康:《认同》,1961年12月6日研讨班记录稿,未出版。参见1962年3月14日研讨班记录稿,拉康在当日讲到"环面客观上存在的结构"。
[2] 拉康:《精神分析的四个基础概念》,巴黎:门槛出版社,1973年,第204页。
[3] 同②,第205页。
[4] 同②,第206页。

帝身上。真理没有内在的必然性，'二二得四'之所以是真理，是因为上帝喜欢这样。严格来说，这种在主体与知识之外的被拒绝的真理，正是笛卡尔的方法取得丰硕成果的关键所在。作为思想家的笛卡尔，很可能仍然还保留着理解传统宗教意义上永恒真理的意识。为何如此？因为这是上帝的旨意。但另一方面，他也从中得到了解脱。通过这条康庄大道，科学得以进入并发展起来，建立一种不再受真理基础阻碍的知识。"[1]

在主体与知识的辩证之外被拒绝的真理，制造了一种不可能性：首先，如果上帝能使一切成真，那么就没有什么是不可能的了。可是，真实揭示出的正是这种不可能性。拉康说："没有任何事物是必然的，甚至二二得四也不是必然的，但通过自我，一切皆有可能。如果一切皆有可能，那么一切也皆无可能。从这个角度而言，重要的是那些被我们的知觉忽略的，也是笛卡尔哲学忽视的东西，那就是真实的不可能性。一切皆有可能，只除了那个消失在其不可能性中的东西［……］相应地，我试着为你们阐述的并不是精神分析的可能性条件，而是精神分析如何从弗洛伊德本人一直讲述的不可能性中开辟自己的道路。"[2]

依据弗洛伊德派的逻辑，抛弃真理意味着被抛弃之物必将回归。这种回归将通过症状体现出来，这就是弗洛伊德揭示的

---

[1] 拉康：《精神分析的重要问题》，1965年6月9日研讨班记录稿，未出版。
[2] 拉康：《精神分析的重要问题》，1965年6月16日研讨班记录稿，未出版。

雅克·拉康的"父姓"——标点与问题
Les noms du père chez Jacques Lacan
Ponctuations et problématiques

本质。笛卡尔所谓的抛弃和弗洛伊德揭示的真理的回归如同一枚硬币的正反两面。笛卡尔的我思，在某种程度上就是精神分析主体的原始压抑，它通过症状回归到真理中，但采取了另一条途径，即主体与知识对抗的途径来分化主体。拉康认为："真理的问题再次出现了。它通过与知识的对立重新回到经验之中，从根本上讲，这种对立是无效的，因此我在其中试探、兜圈，避免遇到暗礁，从而试着在该对立中获得一种确定性。得益于症状的复杂性、丰富性，及其特别的结构，症状向我呈现出当下我正在处理的是何种障碍。另一方面，我的思想、幻想的构建不仅仅表露出我的无知，更表达出我什么都不想知道。"拉康接着说："真理在主体和症状的分化层面被具体化了，并且真理在其中以一种未知的实在形式获得了一种权力，这种实在是不可能衰竭的，这就是性的实在性。"[1]

因此，主体和症状的分化不仅仅简单地发生在知识和真理之间，在知识的对立与真理的回归之间，主体在症状中也被分化了。因为作为科学的主体，它在构建之时就产生了分化，这意味着拒绝上帝的真理，回归则取决于精神分析与科学的联系。然而知识与真理之间的主体分化，在防止其有效性被构建和普遍化的同时也被特征化了，拉康因此将其视作莫比乌斯环式的

---

[1] 拉康：《精神分析的重要问题》，1965年6月9日研讨班记录稿，未出版。

过程。①

拉康将主体分化的有效性，作为提出假设应知的主体这一概念的先决条件。由于他将主体的构建与被假设应知的主体的上帝结合在一起，从而无法对笛卡尔做出正面的批评。于是，拉康建立了一种知识和真理的结构性分化模式，这成为后来所有与知识相关的问题的参照。在此，拉康以黑格尔制定的绝对知识（savoir absolu）为中介，将被假设应知的主体引入问题中。1969年，拉康开辟了一条通往被假设应知的主体的辩证法之路，这条路并未被禁锢在绝对知识之中，真理与知识之间不再分化。拉康对被假设应知的主体提出的问题是：知识在被发现之前就已经存在了吗？这个问题在绝对知识中打开了一个缺口，在黑格尔的思想中，知识先于知识传播而存在。

1969年，拉康以黑格尔的思想为出发点，对"被假设应知的主体"这一概念提出质疑

黑格尔之所以引起拉康的兴趣，是因为他系统地定义了知识的结构，这种知识的结构能够通过否定性的运作和重新内化对知识本身做出解释。他的方法与精神分析的方法类似，都是试图在有意识的研究中为非—意识（non-conscient）留出空间。

---

① 参见拉康《科学与真理》，摘自《书写》，巴黎：门槛出版社，1966年，第861页；以及1965年7月16日研讨班"精神分析的重要问题"记录稿（未出版）。

雅克·拉康的"父姓"——标点与问题
Les noms du père chez Jacques Lacan
Ponctuations et problématiques

正如黑格尔选择"百科全书（encyclopédie）"[①]这个词来表述他的哲学思想，这是一个以循环或圆周方式，[②]按照三元节奏发展的体系：它包含了三个部分，绝对精神（Esprit absolu）是其中最后一个部分，这部分又被细分为三个小节。此外，绝对精神被看作哲学旅程的终点，同时也是起点，每个部分都是精神（Esprit）发展到绝对精神的过渡阶段，因为绝对精神从一开始就隐含在其中，只有在终点才能得以实现："但是，这种实体就是精神接近其本身（en soi）内容的精神变化。首先，由于这种变化在自身中得到了映照，它自身就得以转化成为真正的精神。它本身就是认知的运作，这种自为（pour-soi）到自在（en-soi）、实体（substance）到主体（sujet）、意识（conscience）的客体到自我意识（conscience de soi）的转变，也就是将实体转化为被扬弃的或概念性的客体。这种运作周而复始地返回自身，因而必须以自身开始为前提，且只有在结束时才能达到自身的开始。"[③]在这里，每一个阶段都预示着下一阶段，并且每一时刻都包含了一种阶段的共时性。然而，这并不是一种将既有知识体系从外部强加于主体的空间分化或认识的阶段。主体

[①] 黑格尔:《哲学科学百科全书》《精神哲学》III，巴黎：弗林出版社，1988年；以及《逻辑学》I，巴黎：弗林出版社，1970年。《哲学科学百科全书》一共出版了三个版本，分别于1817年、1827年、1830年出版。依据黑格尔的学生在课堂上所做的笔记，弗林出版社对黑格尔的文本做了对应的注释及增补。
[②] 丹尼斯·索丝-达古斯:《黑格尔的循环》，巴黎：PUF出版社，1986年。
[③] 黑格尔:《绝对知识》，巴黎：奥比尔—蒙田出版社，1977年，第109页。

146

获得发展，与其发生的时刻融合在一起："因为哲学的对—象（ob-jet）并不是一个直接的对—象，其概念与哲学概念甚至只能在哲学的自身内部被理解。此处，确切地说，这就是为什么哲学以及对—象所言的内容，是哲学本身之前（avant）的一些预设内容，对于哲学本身而言，这些内容还尚未找到根据。尽管我们无法质疑哲学，但还是可以将它当作一种想要获得通俗的、不被限定的、仅仅只是预先的和匿名性知识的意图而形成的口述。"①黑格尔接着写道："哲学是一种哲学科学的百科全书，它包含的全部范畴都明确地标出了各个部分，其总的领域就是哲学百科全书，其中各部分之间的分离和连接都是根据概念的必要性进行陈述的。［……］之后，（哲学）整体呈现为一圈圈的圆，每一圈圆都能在决定性的时刻形成某种类型的系统，该系统中的元素本身又构成一种'整体观念（Idée tout entière）'，而这种'整体观念'又显现在每一个特殊的元素中。"②

绝对知识代表了这些圆圈的连通，它是认识自身精神的最高形式："这种精神的最高形式，表现为精神同时被赋予完美而真实的内容以及自我（Soi）的形式，同时也实现了它的概念，而且在其实现的过程中也完全保留了这一点，这就是绝对知识：在精神形式或概念知识（savoir conceptuel）中，精神意识到了

---

① 黑格尔：《逻辑科学》，巴黎：奥比尔—蒙田出版社，1977年，第155—156页。
② 同上，第157页。

自己。"① 一位黑格尔的评论家写道:"绝对知识就是精神本身,这得益于在他者的意识中,'我'内部深处的概念本身变成自我的意识。在绝对知识的相异性中,它穿越了本身的运作,从而在其中暴露了自己。"② 概念就是"行动(不仅仅是思考的状态),通过行动,意识不再是指对其他事物的意识(对感知的或表象的,情感或幻觉性的,有限或无限的其他事物的意识),而是对自我完整的意识,这种意识完全以其无限的力量设想自我(它不受外部的限制,因而面对外部时是无限的)。在这种力量中,意识不仅仅只代表本身,也通过内在理解为自身确定的某些特性[……]本质上,绝对知识是自我意识的一种概念,它不仅仅使主体在面对他者时能够主观地指认自己,也使其能够科学地建立起自己对他者的意识内容中,关于自己的绝对自主权。"③ 因此,绝对知识就是自我意识,它被视作一种普遍性的精神,在相异性中发现并确认自己。在意识的绝对知识和普遍性的精神之间,存在一种相似性,因为"绝对精神就是存在本身,正是它制造了他者、自然和有限的精神,而这个他者则通过自我的正面,抹去了所有生存的一切表象,他者不再作为自我的边界,仅仅作为一种手段出现。正因如此,对于绝对自我而言,精神获得了自我之外的存在的绝对统一,而自我,也获

---

① 黑格尔:《绝对知识》,巴黎:奥比尔—蒙田出版社,1977年,第105页。
② 鲁塞特:《引言》,摘自《绝对知识》,巴黎:奥比尔—蒙田出版社,1977年,第59页。
③ 同②,第64页。

得了绝对精神的概念和有效性"①。

这种知识作为一种已经存在的知识,其生产的完成必须以开始生产为前提,开始即预示着它的完成,所以"必须将精神作为上帝的形象和人的神性"②。黑格尔认为:"上帝只有在认识到自己时才是上帝,除此以外,他的自我认知就是人身上的自我意识。在上帝(en Dieu)的视角下,人拥有上帝,知识是朝着人的自我认知的方向前进的。"③《约翰福音》肯定了逻各斯(logos)或圣言(Verbum)的最高权位。④"从神学角度来讲,此类概念符合上帝三位一体的位格,天父(Père)确定了另一个自我,即圣子(Fils),旨在最终与作为圣灵(Esprit)的自己和解。"⑤

黑格尔认为,"基督教的上帝不仅是无差别的,而且还是三位一体的,其中的差别是上帝变成了人,上帝启示他自己"⑥,并且"上帝启示的是拥有圣子的本质,也就是说,圣子是与众不同的,但却是有限的。不同之处在于通过与上帝的比较,圣子继续存在,并直观地进行自我启示。此外,上帝与圣子就是同一个大他者(Autre)。对于自我来说,这种存在就是绝对精

---

① 黑格尔:《精神哲学》,巴黎:奥比尔—蒙田出版社,1977年,第396页。
② 同上,第539页。
③ 同上,第355页。
④ 福尔沙伊德:《德国哲学,从康德到海德格尔》,巴黎:PUF出版社,1993年,第128页。
⑤ 同④,第129页。
⑥ 黑格尔:《精神哲学》,巴黎:奥比尔—蒙田出版社,1977年,第419页。

神,因此圣子不再只是简单的启示工具,圣子本身就是启示的内容"[1]。"至于其三位一体性,说明天父(Dieu le Père)并不完全等同于上帝:包括犹太教在内的东方宗教都坚持上帝和精神的抽象概念,甚至在此基础上形成了启蒙运动。但由于天父本身就是一个封闭而抽象的存在,还不足以成为精神之神,不是上帝,因此启蒙运动并不提倡天父的概念。"[2]也许拉康受到这种分析的启发,选择了复数形式的父姓(指圣父、圣子和圣灵的综合体),并阐明了它们与被假设应知的主体之间的问题,但并没有明确地引申出绝对知识这一概念。

绝对知识的有效性来源于知性的差异,它敢于承担自我中对立的现实矛盾,也敢于承担同一性中内在的差异性,因为真正的同一性是差异性与同一性的统一体,[3]正如三位一体暗示的那样。否定是辩证法的动力,从最初的肯定开始,经由否定,再上升到否定之否定,最终得出积极的结果。否定的开展以螺旋式进行,在消除中保留(或扬弃:Aufhebung)了与知性的对立。黑格尔与拉康所做的不同,他认为这一过程无法被破译,也无法被数学化,或在通用语言中呈现出来。

拉康在其研讨班"从大他者到小他者"中,采用了黑格尔辩证法中的一些术语,但却着手构建黑格尔拒绝的形式化。拉

---

[1] 黑格尔:《精神哲学》,巴黎:奥比尔—蒙田出版社,1977年,第395页。
[2] 同上,第397页。
[3] 同上,第538页。

康试图通过这样的形式化证明固着在绝对知识中的循环是失败的，正如黑格尔本人也没有从他的方法中取得结果。拉康将问题聚焦于知识的完整性：知识是否可以累加？知识之外还有别的存在吗？知识可以用于了解知识本身吗？是否存在拥有全部知识的主体？如果具有稳定性的大他者是这种知识的核心，那么是否有办法可以证明知识本身的稳定性？在某种程度上，绝对知识提前给予这些问题一个肯定的回答。

正如拉康所言，他从黑格尔的理论视角提出这些问题，是为了将笛卡尔的上帝"移置（déplace）"到被假设应知的主体上面："问题完全从论证是否有上帝，移置到了笛卡尔所谓的保证真理领域的上帝。我们只需证明在大他者的领域中不可能存在完全稳定的辞说，我希望下次能够更准确地从主体存在的角度阐明这一点。"①黑格尔的百科全书式的系统本身将问题聚焦于知识的稳定性，从而取代了笛卡尔的理论。但拉康认识到了笛卡尔式付诸行动的主体的基础性，并由此质疑了黑格尔的理论体系。

在研讨班"从大他者到小他者"中，拉康对认识自己的一种知识概念提出了质疑："这恰恰涉及，为什么此主体通过能指产生的出现又消失的某些东西，可以很快在他者中消亡？这些东西的某个部分为何可以构建而成，最终变成自我意识（德语：

---

① 拉康：《从大他者到小他者》，1968年11月13日研讨班记录稿，未出版。

雅克·拉康的"父姓"——标点与问题
Les noms du père chez Jacques Lacan
Ponctuations et problématiques

Selbstbewusstsein），一种满足于成为与自己一样的某种东西。"[1]知识的完整性总是以能指确定的主体定义为名被驳斥："对于所有被假设建立在一个能指与另一个能指关系上的基础性本质的辞说，不可能作为一种独立的辞说被完整化。"[2]或者："知识的主体被假设为认识自身。然而，正是在这里出现了一个错误，黑格尔没有看到，只有像我们一样从一个能指到另一个能指的关系中所做的那样，这种被假设认识自身的知识的主体才是有效的。"[3]但黑格尔的错误并未妨碍他构建一个重要的参照体系，使我们能够更好地识别弗洛伊德的贡献："在这里，黑格尔就是一个参照点，他并不简单，而且极为重要。从宏观上讲，我们感兴趣的是他扩展了刚刚形成的我思这一概念。如果我们质询那些自称是自我意识的重心，那么思考就会开始——我知道我在思考（je sais que je pense）。自我意识不是别的，而仅仅只是黑格尔在笛卡尔的'我知道我在思考'与'我在'这个观点中添加了某种真实性。我想说的是，依据黑格尔定义的'我不知道'，那么'我思故我在'就是一种幻觉。此处所指的思考自由，正是黑格尔禁止自己思考的地方——我存在于我的期望中。在此，黑格尔揭示出根本不存在思想的自由。主体需

---

[1] 拉康：《从大他者到小他者》，1968年11月13日研讨班记录稿，未出版。我们发现拉康参考的《精神哲学》是《精神现象学》的早期文本，在该文本中，绝对知识处于意识而非精神的视角。
[2] 拉康：《从大他者到小他者》，1968年11月27日研讨班记录稿，未出版。
[3] 拉康：《从大他者到小他者》，1969年1月29日研讨班记录稿，未出版。

要在历史长河中,才能最终在正确的地方'我思','我'的位置变成了知识。但在这一时刻,完全不需要思考。[……]黑格尔与弗洛伊德的不同之处在于:思考不再仅仅是对知识的真理提出问题,这对黑格尔来说,已经是一个重要而必不可少的大问题了。弗洛伊德认为思考阻碍了知识的获取。无意识涉及的,正是如何呈现我们在获取第一个知识时的思想,这需要我提醒吗?黑格尔的自我意识,是'我知道我在思考',而弗洛伊德的创伤,是'我不知道'本身是不可思考的,因为他假设'我思'破坏了所有思考。"①

拉康引入拓扑学来论证知识的不完整性:"被假设应知的主体唯一的知识结合点就是大他者,但可以肯定的是,大他者作为此结合点并不存在,没有任何证据指明大他者就是一(Un),它不是能指唯一可以被语言能指化的主体,也不是可以被总结为特殊的客体a的拓扑学。"②拉康的计划并不只是简单地摒弃黑格尔的自我意识,他的野心在于构建一种关于大他者的不完整性的知识。

为此,拉康大胆地前进了一步:将能指S_2命名为"知识",并且以集合率中有序对(une paire ordonnée)的概念为基础,提出拓扑学对(une topologie du couple):S_1S_2。1961年,拉康在研讨班"认同"中首次将主体定义为:一个代表了主体的能指是

---

① 拉康:《从大他者到小他者》,1969年4月23日研讨班记录稿,未出版。
② 拉康:《从大他者到小他者》,1969年6月4日研讨班记录稿,未出版。

雅克·拉康的"父姓"——标点与问题
Les noms du père chez Jacques Lacan
Ponctuations et problématiques

为了指代另一个能指。1964年，他将S_1和S_2分别称为一元能指和二元能指。但直到1969年，拉康才将S_2命名为"知识"。

有序对是指一个集合中按一定顺序排列的一对元素。无序对的写法是{a,b}，有序对的写法是(a,b)。我们因此可以建立以下等价关系：

(a,b) = { {a} {a,b} }

等式中 a 是第一序位，b 是第二序位，这种顺序由其包含的属性决定：a 包含在{a,b}中，所以{a}比{a,b}更小，因此它被放在第一位。同理，我们也可以建立(b,a) = { {b} {a,b} }的等价关系。

在研讨班"从大他者到小他者"中，拉康将代表主体的能指对（le couple signifiant）书写为以下公式：(S_1,S_2) = { $\{S_1\}$ $\{S_1, S_2\}$ }。通过能指对，他将S_2命名为"知识"，同时也就命名了知识子集$\{S_1, S_2\}$，即S_1,S_2无序的共存："正如我的定义，能指S_1（在第一个子集中）始终代表了主体，而在第二子集中则呈现为我称之为的'共存'，也就是说，这种最广泛的关系形式可以被我们称为知识。"[1]

由此开始，绝对知识的问题可以借用包含自身的集合悖论这一术语提出，该悖论由罗素在1902年向弗雷格提出，拉康在这次研讨班上进行了回顾。罗素悖论是指有些集合似乎包含自身的元素，例如：所有不是苹果的物体的集合本身，就是苹果

---

[1] 拉康：《从大他者到小他者》，1968年12月4日研讨班记录稿，未出版。

之外的东西。而另一些集合则并没有包含自身的元素，例如：汽车的集合并不包含汽车的任意一种配件。此外，罗素还构造了一类自相矛盾的集合s：S，它由一切不包含自身的集合组成。这个看似合理的问题制造了一种两难：如果元素s属于S，根据S的定义，s就不属于S；反之，如果元素s不属于S，同样根据定义，s就属于S。理发师[1]为城里所有不为自己刮胡子的人刮胡子的悖论就体现了这种矛盾，那么理发师该不该给自己刮胡子呢？绝对知识是一种自相矛盾的东西，就像所有不包含自身的集合一样。这种集合由能指的聚合组成，也就是说，从定义上讲，它是由与自身不同的元素组成的，而这些元素本身又能够成为集合本身。不过拓扑形式会消除问题的悖论，成为这种知识的补丁，但真理却因此被打上了一个洞。[2]

如果我们合法地将S_1和S_2列入A中，那么A是否可以被视作绝对知识，这种集合的整体是否包含自身？这就是拉康针对集合 { {S_1} {S_1, S_2} } 提出的问题："一种知识是否可被理解为，如果将两个子集整合为一个单一的子集，就可以借大他者的名义，将其视作与两个能指的知识表述的结合？此外，这两者完全相

---

[1] 罗素悖论：小城理发师宣布，他只为而且一定要为城里所有不为自己刮胡子的人刮胡子。问题是：理发师应该为自己刮胡子吗？如果他为自己刮胡子，那么按照他的豪言，他不应该为自己刮胡子，但如果他不为自己刮胡子，同样按照他的说法，又应该为自己刮胡子。——译者注

[2] 拉康：《从大他者到小他者》，1968年11月27日研讨班记录稿，未出版："在大他者的位置上，主体构建的可能性，就其自身的表述而言是被缚住的，因此最重要的是知道是谁在做保证，知道真理的位置就是洞的位置本身。"

同吗?"[1] A 既是包含自身的 $\{S_1, S_2\}$ 集合的无序集合,也是 $\{S_1\}$ 和 $\{S_1, S_2\}$ 的有序集合,因此它可以被简化为:

$$(S_1, S_2) = \{ \underbrace{\{S_1\}}_{S} \underbrace{\{S_1, S_2\}}_{A} \}$$

拉康论述"使用的大写 A,可作为构建从 S 到 A 的关系的有序集合的能指。这在集合论的理论发展中很常见,因为其基础就是所有元素都可能成为集合本身"[2]。A 同时是大他者和相异性的能指,也是与大他者关系的能指,它既表明了能指的整体,同时也指涉了整体与能指的关系(既表示大他者的能指,也表示大他者本身就是一个能指),此观点的数学公式为:

$A = S \to A$

于是,拉康提出使用图表的方式表达 $S \to A$ 的能指关系,即从一个能指到大他者的能指的表达式如下:

如果 $A = S \to A$,那么我们可以写作:

$S \to A = S \to (S \to A) = S \to S \to (S \to A) \cdots\cdots$

拉康从这种表达式中"提取出"一种拓扑学结构。他说:"你们会观察到,在此过程开始时产生了一组同心圆,尽管这些圆的含义暂不明确,但它们显然发挥了一种整体性,而且还具

---

[1] 拉康:《从大他者到小他者》,1968年12月4日研讨班记录稿,未出版。
[2] 拉康:《从大他者到小他者》,1968年11月27日研讨班记录稿,未出版。

有明确的功能。我们在此发现了S的无限重复,正因如此,我们永远也无法退回到A。"

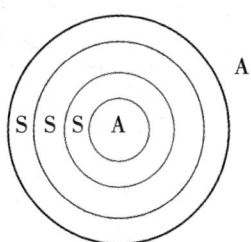

= S（S（S（S→A）

"然而,你们不要以为A会缩减。我认为,它不会以任何方式在空间中消失,虽然A始终保持不变,但由于其不可理解性,恰恰表明某些东西正在构建,可能是距离的顺序正在无限缩小,抑或某种顺序正在被通道限制。这种不可理解的特性对我们来说并不奇怪,因为我们已经将A作为源初压抑(德语:l'Urverdrängung)的所在地了。"[1] 另外,拉康将压抑定义为一个能指,并且它与另一个能指衔接在一起,但并不能代表主体。[2] 因此,根据有序对模式改写的能指对的公式被纳入压抑的整体中,并且能指对的公式利用能指,与主体分化的可能性在知识的关系中共存。

---

[1] 拉康:《从大他者到小他者》,1968年11月27日研讨班记录稿,未出版。
[2] 拉康:《精神分析的行动》,1968年1月17日研讨班记录稿,未出版。

如图所示，由于该结构内外相连，从而它与十字形的部位产生一种"亲缘关系"。拉康同样也参考了克莱因的瓶子，就像他在参照黑格尔的作品时提到的意识逆转产生的新客体一样。[1] 拉康认为这是一个绝对知识构建的循环，他将此循环等同于克莱因瓶中反转的圆形，也就是说，线条旋转一圈之后所形成的圆孔使其旋转方向发生了反转（如果我们保持相同角度的话）。

这些圆圈隐喻了知识的循环，也即知识试图以一种绝对知识或被假设应知的主体的方式理解自身。（"被假设应知的主体参照了绝对知识，正如我们在转移中形成的知识一样。"[2]）克莱因瓶的路径没有划定外部和内部的界线，相反，它描绘了内部与外部之间的连续性：内部包围着外部，外部被置入内部。如果百科全书在绝对知识中产生一组圆圈，那么这些圆圈一定是沿着克莱因瓶的路径运动并最终围成了一个洞。

---

[1] 拉康：《精神分析的重要问题》，1965年1月13日研讨班记录稿，未出版。拉康在研讨班中引用了海德格尔的《精神现象学》中的片段《无尽之道》，巴黎：伽利玛出版社，1962年，第156—157页。
[2] 拉康：《从大他者到小他者》，1968年12月4日研讨班记录稿，未出版。

此处提及绝对知识的情况也适用于被假设应知的主体。通过修改被假设应知的主体，同时参考来自有序对的拓扑学解释，从而改变理论中转移的定位。拉康说："这就是我在关于转移主题上所说的内容，'被假设应知的主体'这一术语表明S_1与S_2联结的结果。该结果也可被视为我在上一次研讨班中所说的：绝对知识通过此联结，使扭结形成知识的基础。"[1] 拉康将转移与有序对的书写方式联系起来，不再像在《1967年10月9日提案》[2]中那样作为一种算法，而是在被假设应知的主体的核心处，引入一个"洞"和一种不完整性，使该术语在转移的表达中发挥了一种辩证法的作用，通过引入"这种重复的必然性，带来了一个具有逻辑性的客体a"。[3] 这种重复的必然性是通过上面图示中一组同心圆呈现出来的。

　　另外，随着拉康关于被假设应知的主体的理论的展开，形成了一种直接"解除"的效果，即解除了父姓的难题。在被假设应知的主体中，将"洞"的结构形式化，并因此形成一种可以被使用的"更加基础的结构"，正是通过该结构，拉康解决了关于父姓论述的一部分阻塞。"'上帝是否存在'这一问题只有建立在一种更加基础的结构上，而不是建立在知识上才会凸显出其重要性。为了那些能够听到我讲话的人，我一直试图移动

---

[1] 拉康：《从大他者到小他者》，1968年12月11日研讨班记录稿，未出版。
[2] 参见《被假设应知的主体的父姓》，摘自《1967年10月9日提案》，《西利色》第1期，巴黎：门槛出版社，1968年，第183页。
[3] 拉康：《从大他者到小他者》，1968年12月4日研讨班记录稿，未出版。

(déplacer)这个问题［……］并思考能否以其他方式表达：知识是否认识它自身，或者说，知识是否拥有一个开阔的结构？［……］（克莱因瓶的）结构，就是客体a，它表明了在大他者的水平上有一个洞，从而使我们质询它与主体的关系。"①

---

① 拉康：《从大他者到小他者》，1968年12月27日研讨班记录稿，未出版。

父姓研究的新进展(1969—1975)

父姓研究的新进展（1969—1975）

1969年，拉康关于父姓的自由言说，在随后的几年得到了证实。尤其是在他的"精神分析的反面"和"一个不是假装的辞说"两个研讨班中，我们更好地理解了拉康在研讨班"精神分析的四个基础概念"之初所用暗喻的所指。当时，他将"父姓"研讨班的中断，与弗洛伊德欲望中从未被分析过但却不得不说的问题联系起来。

1963年的"密谋"

除了研讨班"再一次"，拉康每年都坚持重复提及1963年11月20日中断的研讨班"父姓"。比探寻这种坚持的原因更值得关注的是，1969的这次坚持不像之前那样含蓄了，对此我们必须回归到1975年的研讨班"RSI"中。

拉康每次提及"父姓"研讨班的中断，都会向我们做出说明："简单来说，我不明白为何要再次讲到父姓，因为无论如何，父姓就在那里，它被安置在知识使真理发挥功能的层面上。严格来讲，即使知识和真理的关系仍然是模糊的，我们也无权谴责什么，这两者之间只有半说的关系。我不知道你们是否完全理解，半说意味着，如果我们在这一领域以某种方式讲述其

雅克·拉康的"父姓"——标点与问题
Les noms du père chez Jacques Lacan
Ponctuations et problématiques

中的某些部分,那么该领域的其他部分就会变得完全不可还原、模糊不清。总之,清楚的内容应具有某种开放性,我们可以做出选择。如果我不谈及父姓,也会谈论其他问题,这与真理相关,但对于主体而言就另当别论了。"[1]

于是拉康停止讲述父姓的主题,转而去讨论其他问题了,但通过这些讨论,他最终还是回归到了父姓的主题,尊重了真理与知识的关系之间固有的半说。如果我们不将父姓置入半说中,那么将无法讨论父姓、真理与知识、四种辞说[2]的地位,以及术语之间的区分,这四者的分化关系就是半说的意义。早在1958年,拉康就意识到讨论父姓的主题必须具备某些先决条件,尤其是主体的条件。[3]因此,他讨论父姓的其他方式之一就是性化逻辑的书写。"这种方式通过另一种途径解释那些我完全放弃的东西,即与父姓相关的内容。我之所以放弃,是因为我曾一度被禁止讨论,阻止我的那些人恰恰原本可以从中受益。"[4]

诚然,拉康对于父姓这一名称的保留在一定程度上构成了分析辞说本身,因为这种保留构建了分析家的区分标准,因而我们可以更好地理解为什么他说的父姓遭到了分析家们的抵制。将自己视作分析家的这批人,抵制的是一个事实,即他们只有

---

[1] 拉康:《精神分析的反面》,巴黎:门槛出版社,1991年,第125页。
[2] 四种辞说指的是大师的辞说、大学的辞说、癔症患者的辞说和分析家的辞说。参见拉康于1972年5月12日在米兰大学的演讲,发表于双语著作《1953年至1978年拉康在意大利》,米兰:萨来曼德拉出版社,1978年,第32—55页。——译者注
[3] 拉康:《无意识地构成》,1958年1月22日研讨班记录稿,未出版。
[4] 拉康:《……或更糟》,1972年6月14日研讨班记录稿,未出版。

处于一种辞说的功能中时，才能将自己视作分析家，而这种辞说并非现成的，他们只有在对分析者的无意识陈述进行工作时才能称为分析家。

1963年，拉康就父姓发表的言论，遭到了那些认为父姓会带来改变的人的抵制。当他推开这扇门，一股带有迫害意味的风气随之而来："［……］恰恰是那些原本可以从中受益的人阻止了我。这原本可能有助于他们个人的亲密关系，因为他们与父姓有着特殊的关系。世界上有一种非常小众的宗教，这些人是其信徒，我不知道为什么我非得效忠于他们。因此，我解释那些弗洛伊德早期的历史，比如他有意回避的那些个人历史，特别是他为自己取的名字：al'shaddaï，他从未提起过这个名字，而是投入到对俄狄浦斯悲剧的研究中。简而言之，弗洛伊德做了一件非常巧妙的事，那就是避开了自己的这个名字。"①随后一年，拉康在其研讨班"智者迷失"中重复了他的评论："［……］父姓，这就是我承诺不再提到的主题。这个承诺来源于那些我不想再指明的某些人，他们以弗洛伊德之名让我停止关于'父姓'的研讨班。很明显，我并不想给予他们任何同情，因为事实上他们将这个原本可以为他们服务的名字压抑了，他们忽视了这个名字，而这并不是我想要的。同时，当他们盲目地跟从弗洛伊德的足迹时，我就知道他们无法找到建立精神

---

① 拉康：《……或更糟》，1972年6月14日研讨班记录稿，未出版。

分析组织的真正方式。"①此外，拉康毫不迟疑地将那些"阻止他真正研究父姓问题"的人的行为定义为一种"密谋"，并将这些人比作《图腾与禁忌》中神话里的儿子们。

尽管拉康声称没有给那些阻止他讲话的"人们"定性，但他还是将他们称为"世界上的一个小众宗教传统的信徒"。鉴于这句话的其余部分涉及弗洛伊德的犹太教传统，我们认为他指的很可能是犹太教传统。1973年，拉康在圣安妮同时举办的研讨班上，提到了本应在1963年的研讨班上讨论的犹太教传统："必须说明的是，精神分析产生的传统也就是犹太教的传统。我原本要在那一年讨论的犹太教传统，是关于'父姓'的研讨班更深入的探讨内容。但我在这里仍然有时间强调的是，在亚伯拉罕的献祭中，被献祭的实际上是父亲，不是别人，父亲就是那只公羊。"②另外，在《1967年10月9日提案》中，拉康强调IPA的成员无一人在集中营里丧生。毋庸置疑，这是因为他们加入了一个类似军队和教会的协会组织，也许按照弗洛伊德③的意愿，我们可以推论出，拉康指出的这些阻止他讨论父姓的"人们"，就是那些逃出集中营的IPA的犹太分析家们。

当拉康在其关于"父姓"的研讨班中提到想要"质询（精神分析的）起源"，以及"弗洛伊德身上某些从未被分析过的东

---

① 拉康：《智者迷失》，1973年11月13日研讨班记录稿，未出版。
② 拉康：《精神分析家的知识》，1972年6月1日研讨班记录稿，未出版。
③ 拉康：《1967年10月9日提案》，摘自《西利色》第1期，巴黎：门槛出版社，1968年，第29页。

西"时，明显指的正是弗洛伊德身上属于犹太教传统的特征。在拉康看来，弗氏"尽其所能的研究"恰恰是为了"回避自己的历史"。而对于俄狄浦斯悲剧的研究，正是这种回避的"非常彻底""有点无菌"的结果。因此拉康重新回到父姓的讨论并不让人觉得意外，1969年，就像弗洛伊德重点阐述的一样，拉康也着重强调了俄狄浦斯情结的概念，他承认自己并不会拐弯抹角。[1]这就是我们主要通过拉康的研讨班"精神分析的反面"和"一个不是假装的辞说"，以及更加有逻辑性的研讨班"……或更糟"的零星解释中做出的总结。

癔症患者与弗洛伊德的"俄狄浦斯之梦"

为了让读者能够理解，拉康将俄狄浦斯情结说成是弗洛伊德的一个梦，因而需要对其进行阐释："作为今天的总结，我要建议大家，将俄狄浦斯情结当作弗洛伊德的一个梦去分析。"[2]我们必须区分俄狄浦斯情结的两个方面：一方面是索福克勒斯的悲剧式神话，另一方面则涉及《图腾与禁忌》[3]中"相反"的神话。[4]拉康甚至谈到"精神分裂症将俄狄浦斯的神话与《图腾

---

[1] 拉康：《精神分析的反面》，巴黎：门槛出版社，1991年，第108页。
[2] 同上，第159页。
[3] 拉康：《精神分析的反面》，巴黎：门槛出版社，1991年，第131页。"非常奇怪的是，从索福克勒斯那里借来的俄狄浦斯神话，与我刚刚讲过的原始部落中被谋杀的父亲的故事结局是相反的。"
[4] 拉康：《精神分析的反面》，巴黎：门槛出版社，1991年，第135—159页。

雅克·拉康的"父姓"——标点与问题
Les noms du père chez Jacques Lacan
Ponctuations et problématiques

与禁忌》中的神话做了区分"[1]。

那么,拉康此前强调的正是悲剧与神话之间的对立,他依据神话的两种版本展示了其逻辑形式的一些相似之处。然而,与列维-斯特劳斯[2]一样,拉康并没有就现存的俄狄浦斯神话的不同版本进行比较分析。例如,在荷马的版本(《奥德赛》)中,俄狄浦斯的弑母行为被揭露之后仍然还是底比斯的国王,他的孩子们也不是由他与自己母亲所生,而是与希珀法斯的女儿欧律伽妮所生。保萨尼亚斯[3]则记述说,他在雅典的阿雷奥帕格斯宫内看到了俄狄浦斯的坟墓,他认为索福克勒斯的说法难以令人信服。

最终,拉康做出的区分是:从索福克勒斯那里借用的神话体现了癔症的特点,而《图腾与禁忌》中的神话则属于强迫性神经症。对于所有人而言,享乐(jouissance)与律法(loi)之间的关系是相反的。

拉康使用这一区分,重温了弗洛伊德唯一的观察,但直到此时,他还尚未在弗洛伊德的观察中引入父姓。在弗洛伊德针对《朵拉》案例[4]的分析中,揭示出的正是在癔症中,癔症患者如何将与父亲的关系理想化。拉康再次审视了《朵拉》的案例,

---

[1] 拉康:《一个不是假装的辞说》,1971年6月9日研讨班记录稿,未出版。
[2] 列维-斯特劳斯:《神话的结构》,摘自《结构人类学》,巴黎:波隆出版社,1958年,第227页及之后。
[3] 保萨尼亚斯:《希腊历史之旅》,卷I,阿姆斯特丹:阿倍—盖多因出版社,1733年,第141页。
[4] 弗洛伊德:《精神分析五案例》,巴黎:PUF出版社,1967。

并指出她的父亲占据了一个关键的位置,即生病的父亲在象征意义上等同于阳痿。由此,拉康说:"严格来说,(癔症患者朵拉)将父亲视作无所不能,即赋予他一种象征性的职务。这明显暗含了父亲不仅仅只有一种身份,还有一种类似退伍军人(ancien combattant)或祖宗(ancien géniteur)的头衔。他是父亲,就如同从部队退役的人直到生命的尽头都是退伍军人一样。父亲这个词意味着永远有创造力的某种内涵。正因如此,在象征领域中,父亲必须被当作关键、重要的角色。在癔症患者的辞说中,父亲扮演了主人的角色。我们发现,对于女性来说,父亲这一角色可以在创造力的角度维持其立场,但同时又不将自己卷入其中。这就是癔症患者与父亲的关系产生的特殊功能,我们将这种具有特殊功能的父亲视为理想化的父亲。"[1]拉康还指出,俄狄浦斯情结"完全无法用于指导我们的分析"[2],我们还需要另一种参照物,即知识和真理的划分,以及与父亲只有一种疏远关系的"大师(maître)"。拉康认为,俄狄浦斯在这些更基础的参照物功能中发挥了作用:"俄狄浦斯扮演了奢望获知真理的角色,也就是说,这种知识是以分析家的辞说的形象出现在刚刚我所说的真理的位置上。"[3]

---

[1] 拉康:《精神分析的反面》,巴黎:门槛出版社,1991年,第108页。
[2] 同上,第113页。
[3] 同上,第113—114页。

对应的位置是:

$$\frac{欲望}{真理} \to \frac{大他者}{丢失}$$

拉康非常重视朵拉的第二个梦,尤其是在弗洛伊德解释了第一部分之后,她才回忆起的那个被遗忘的片段。在这个片段中,她梦到自己的父亲死了:"她平静地走进自己的书房,拿起书桌上的一本厚厚的字典读了起来。"[1] 拉康指出:"梦的第二个片段表明了象征界的父亲就是死去的父亲,他只能成为一个我们可以进入的空场所,即是一个没有交流的地点。[……]在这间被逝去之人遗忘的空旷公寓中,朵拉很轻易地在一本厚字典中找到了父亲的替代品,正是在这本字典中,我们理解了那些涉及性的元素。该案例清楚地表明,在象征意义上,比父亲之死更重要的是他创造了何种知识,它并不是任意一种知识,而是关于真理的知识。"

俄狄浦斯情结并不是癔症患者的欲望法则,而是结果,它以获取真理的意图为形式,并决定了辞说的产物,正如拉康所写的公式:

$$\frac{\$}{a} \to \frac{S_1}{S_2}$$

---

[1] 弗洛伊德:《精神分析五案例》,巴黎:PUF出版社,1967年,第74页。

癔症患者（朵拉）表现出由其症状分化的主体（$），因此产生出一种知识（$S_2$），并在他者身上激发出大师这一能指（$S_1$）。她揭示出大师的功能，也就是在此位置上呈现出一个理想化的父亲。[1]"她（朵拉）想要一位大师。这就是以上图示右上角出现的符号，且无法以其他方式命名。她希望存在一个拥有很多知识的他者充当大师的角色，但又不希望大师知道得足够多，从而发现她自己才是掌握所有知识的至尊。换种说法，她想要一位由她掌控的大师。'她自己'而非'他者'才是掌控者。"[2]次年，拉康又重复了同样的话："只要癔症患者想将自己置入到一种辞说中，那她就注定要征服这位大师，使其因她而被知识摒弃。"[3]

因此，拉康认为索福克勒斯版本的俄狄浦斯神话"由癔症患者的不满足"[4]和其悲剧性共同决定。弗洛伊德以此神话为基础，缔造了这种情结，将父亲和父亲之死置入一个枢纽中，实质上只是给予由癔症患者呼唤的理想化父亲一种稳定性。此外，俄狄浦斯情结解释性的价值增加了癔症患者的欲望，于是使其想产生一种据称是真理的知识，也就是父姓。在此，父姓将取代大师的能指，并作为限定其辞说的"阻塞物"。[5]

---

[1] 拉康：《精神分析的反面》，巴黎：门槛出版社，1991年，第107页。
[2] 同上，第150页。
[3] 拉康：《一个不是假装的辞说》，1971年6月9日研讨班记录稿，未出版。
[4] 同[3]。
[5] 同[2]。

雅克·拉康的"父姓"——标点与问题
Les noms du père chez Jacques Lacan
Ponctuations et problématiques

  拉康同样也论证了弗洛伊德在索福克勒斯版本的俄狄浦斯神话与《图腾与禁忌》中神话引用的不同结构，表明享乐与律法之间是对立的关系。在俄狄浦斯的神话中，被杀的父亲（拉伊俄斯）是（母亲）享乐的条件。对此我们可以补充说，关于约卡斯塔的享乐问题，只有在她丈夫被杀之后才会被提出来。《图腾与禁忌》中则刚好相反，（所有女人的）享乐先于被儿子们杀死的父亲，恰恰"相反的正是从父亲被杀开始，这种享乐的禁止才被当作原始禁忌建立起来"[1]。拉康还顺带指出，《图腾与禁忌》并没有从神话角度证明禁止母性乱伦是合理的，因为在最初的谋杀之后，受禁忌影响的是父亲的妻子而非母亲。[2]他多次强调这两种神话之间的对立："我必须强调神话的关键功能在这两种（情况）下是严格对立的：在第一种情况中，律法首先是第一位的，即使当犯罪者只是无辜地违反了它，而且律法中也清晰地显现出丰富的享乐，它还是如此原始地实施了报复。第二种情况，享乐是原始的，其次才是律法。因为考虑到书中广为引证的神圣的食人族，就必须强调律法反常的相关性。原则上，所有女人都被禁止进入男性群体，而男性群体是通过神圣的食人这一仪式实现自我超越的一种男性共同体。"[3]拉康总结道，弗洛伊德"在这里，为我们揭示了他对分析辞说的贡

---

[1] 拉康：《精神分析的反面》，巴黎：门槛出版社，1991年，第139页。
[2] 拉康：《一个不是假装的辞说》，1971年6月9日研讨班记录稿，未出版。
[3] 同[2]。

献，该贡献来源于神经症及那些俄狄浦斯式的癔症中收获的内容。奇怪的是，我为了能够进一步研究，等了这么久才得出这样的结论，即《图腾与禁忌》是神经症的产物，这应该是无可争议的断言，难道不是吗？其结构的真实性不容置疑，它甚至是真理的见证［……］正是由于强迫症患者在其结构中的见证，即性关系无法在辞说中被表述出来，我们才有了弗洛伊德的神话"①。

如果拉康尚未发明四种辞说，那么在1963年就无法以这种方式分析俄狄浦斯情结。然而，之后出现的父姓概念包含了对俄狄浦斯的评论，在此框架下，他强调父亲与律法的联系。正如拉康在研讨班"无意识地构成"中所言，"这种授权律法以内容的概念本身就处于能指的水平上，它就是父姓"。父姓并不是指一个具体的人。②以及："起初，父亲已死，但父姓依然存在，一切都围绕着父姓展开。"③

拉康在研讨班"精神分析的反面"和"一个不是假装的辞说"中公开表示，他将不再以弗洛伊德的方式拯救这位"父亲"，并认为弗氏是"一个跟不上时代的善良的犹太人"。④拉康将俄狄浦斯情结请下神坛，并置于他发明的逻辑功能中，正是

---

① 拉康：《一个不是假装的辞说》，1971年6月9日研讨班记录稿，未出版。
② 拉康：《无意识地构成》，1958年1月8日研讨班记录稿，未出版。
③ 拉康：《从大他者到小他者》，1969年1月29日研讨班记录稿，未出版。
④ 拉康：《再一次》，巴黎：门槛出版社，1975年，第99页。

得益于此，我们才认识到神话与逻辑的亲缘关系。[①]《图腾与禁忌》的固有矛盾，掩盖却同时指明了真实的逻辑结构，形成了一种实在的不可能性："在悲剧的水平上，弗洛伊德的神话不再具有微妙的灵活性，但在《图腾与禁忌》神话的叙述中，他创造性地将父亲之死与享乐等同起来。我们可以用'结构的运算'这一术语形容弗洛伊德的神话。[……]父亲之死为我们呈现了一种享乐，如同一种不可能性的符号。正是在这一点上，我们发现了这些我所定义的决定实在范畴的术语集合。"[②]与索福克勒斯的神话不同的是，弗洛伊德的神话明确了父亲的享乐，并指出父亲的意义不仅仅在于生育，而是在于他对部落女性的所有权。弗洛伊德引入了阳具功能（la fonction phallique），并将其作为神话的主要来源之一。他将阳具功能与父亲之死联系在一起，指出正是在其死亡之地，针对阳具享乐的禁忌才得以建立。据此，拉康在《图腾与禁忌》的基础上提出了一种论证，它不同于阳具功能的连贯性逻辑体系，而是将其固定在性化的量化书写公式中。

$$\exists x \quad \overline{\phi x} \qquad \text{et} \qquad \overline{\exists x} \quad \overline{\phi x}$$
$$\forall x \quad \phi x \qquad\qquad \overline{\forall} x \quad \phi x$$

但这并不意味着这种逻辑只适用于神话，它只是对神话的重写，或是对神话在某种程度上的对译（translittération）。神话

---

① 拉康：《……或更糟》，1972年6月14日研讨班记录稿，未出版。
② 拉康：《精神分析的反面》，巴黎：门槛出版社，1991年，第143页。

提供了一些逻辑性的元素，这些元素充当了逻辑书写公式的材料，反过来又能以不同的方式解读神话。《图腾与禁忌》中的父亲被简化为一种例外的功能，它指至少有一个[①]（不受阉割的例外），用上面的书写方式表示为：$\exists z \,\overline{\phi z}$。它与经受阉割考验的整个群体，表达式中的 $\forall x\, \phi x$ 相配对。这个不受阉割的例外形成了一种不可能性，但并非无能：父亲拥有所有女人，这赋予了不是全部一种逻辑学意义上的价值，表达式写作：$\overline{\forall x}\,\phi x$，它又与缺失例外功能造成的结果配对，表达式写作：$\overline{\exists x}\,\overline{\phi x}$。

正如以往，父姓尚未被置入实在界、象征界、想象界的三元结构中一样，现在，它也未被置入性化（sexuation）公式的逻辑中。就像父姓和实在界、象征界、想象界之间存在差距一样，在父姓和阳具功能的公式之间也存在着差距。正如父姓与象征界的父亲并非完全一致，它与阳具的持有者也不是一回事。然而，拉康还是对父姓进行了逻辑性的转化。但这与阳具功能的关系不同，这种逻辑性的转化在本质上是无定限的，这对拉康来说并不陌生，并且更为严格。在他看来，父亲的至高权位并不是父权制的反映，而是指明了一种观念，即"阉割更接近逻辑，并且我将使用逻辑的方式论证阉割是无定限的。父亲不仅仅也被阉割，而且被阉割得只剩下一个数字"。这个数字就是零，拉康以皮亚诺[②]公理的整数公式为原理，为其后继者做出如

[①] 拉康：《精神分析家的知识》，1972年3月3日研讨班记录稿，未出版。
[②] 皮亚诺（1858—1932），意大利数学家、逻辑学家、语言学家。——译者注

雅克·拉康的"父姓"——标点与问题
Les noms du père chez Jacques Lacan
Ponctuations et problématiques

下假定:"父亲的功能在逻辑上等同于这个经常被遗忘的零的功能。"该功能正是癔症和母权制的参照点。"在谁是母亲的问题上并不存在疑问[……]我要说,母亲有大量的后代[……]但她不需要编号,因为没有起点。母系后代当然有顺序,但它可以从任意一方开始。"癔症患者的阉割是单边化的,此类患者通过找到一个被阉割的伴侣,从而避免自己被阉割。这个伴侣必须是唯一符合阳具位置的人。正是基于这个观点,弗洛伊德从癔症患者身上总结出俄狄浦斯的概念:"按照我们的理解,弗洛伊德从未真正阐述过俄狄浦斯的概念,癔症患者的牺牲烟消云散了。[……]在弗洛伊德的思想中,俄狄浦斯情结之所以能够在他对癔症患者的研究中逐渐显现出来,难道不正是因为弑父替代了被拒绝的阉割吗?"[1]

拉康将癔症的转换还原为俄狄浦斯情结,使得父姓摆脱了1957年那样只与父性隐喻联系在一起的限制,相对于阳具概念的建立,父姓更自由地与俄狄浦斯情结建立联系。"这个被称为父亲、父姓的人之所以因为这个姓获得了某种效力,首先在于他回应了这个称呼。从史瑞伯的精神决定论角度来看,以上内容就是这个人作为合理的能指,为母亲的欲望带来一种意义,我将此意义冠名为父姓。然而就涉及的内容而言,癔症患者呼唤的却是某个讲话的人。"[2]此处,拉康在父性隐喻中,将给予

---

[1] 拉康:《一个不是假装的辞说》,1971年6月19日研讨班记录稿,未出版。
[2] 同上。

母亲欲望以意义的能指,和呼唤一个因姓获得效力的讲话者之间做出区分,并与弗雷格①对专有名词Sinn(意义)和Bedeutung(指称,含义,参照)的分析联系在一起。他在研讨班上讨论了这一分析,并且借此机会重读其法语版的文章。弗雷格认为"一个专有名词的含义,就是我们使用这个名词时表达的对象本身",而意义则是指该对象呈现出的概念范式。例如,启明星和长庚星是太白星②的同一含义的两种意义。意义与外延通过父性隐喻发挥作用。父性隐喻,在母亲欲望的基础上产生意义,取代了阳具的含义(德语:Bedutung),在这种情况下,它或多或少与父姓产生混淆。而通过引入癔症患者关于父姓一个需要体现"讲话"行为的概念,拉康的思考便不同于在意义和含义之间做区分,从而建立了(不说话的)阳具和父姓区分的另一种逻辑。

命名的退化

通过拉康的新区分,父姓具有了一种不易用形式来表示的功能,但却丝毫没有失去其象征性的功效。在象征性的层面上,父亲的特征被划分为两部分,并且再次被提出来。③从此开始,

---

① 弗雷格(1848—1926),德国著名数学家、逻辑学家和哲学家。数理逻辑和分析哲学的奠基人。——译者注
② 弗雷格:《意义和外延》,摘自《逻辑和哲学著作》,由埃姆贝尔翻译,巴黎:门槛出版社,1971年。
③ 同②。

与父姓相连的命名功能（fonction de nomination）使该术语衍生出一种新的词义，加强了与父亲言语之间的联系，拉康在其研讨班"RSI"中对此进行了探讨。

在研讨班"智者迷失"中，拉康将父姓与今天已经被取代的术语"命名"（nommer à）进行了对照："对我们来说，某种物品被命名（Etre nommé）是一个历史性的时刻，实际上，被命名的时刻比父姓更重要。非常奇怪的是，社会呈现出一种扭结的普遍性，从而形成了众多的网状结构，但正是因为它拥有命名的权利，最终修复了一种坚定的秩序。如果父姓是丧失、拒绝（德语：verworfen），那么回归到实在中的这一父姓的轨迹又意味着什么呢？因此，如果丧失是疯狂的起因，那么命名的疲乏不就是灾难性退化的标志吗？"①

拉康通过将命名与父姓进行对比，在1975年研讨班"RSI"之前就提出了关于父姓的意义转变的观点：它不再仅仅代表赋予父亲的姓，还代表了被父亲赋予的姓，即父亲的命名功能。实际上，命名与之恰恰相反，但也许拉康只有首先提出父姓与命名的对立，才能发现父姓的命名功能。

另外，由于这种转变，父姓在某种意义上失去了作为大师能指的特性，这使得父姓有时可以被视作专有名词。拉康的研讨班"智者迷失"这一标题就可以证明语言中能指的歧义性，

---

① 拉康：《智者迷失》，1974年3月19日研讨班记录稿，未出版。

他这样论述标题中的几个词:"父姓(des noms du père)和智者迷失(des non dupes errent)这两组词有着相同的发音,具备相同的知识属性。从无意识的层面上讲,它们都能够被主体解读。[……]因此,这两组词相同的读音强调的是同一种意义,但我们应该将之放在不同语境下理解,于是我们发现相同的知识属性有着不同的意义。这就是奇怪的地方。[……]我们甚至不要去融合'父姓'和'智者迷失'在音位学上的同一性,而宁可相信对于自己来说,它的意义就是一个谜。"[①]杀死俄狄浦斯之后,拉康复活了斯芬克斯。

在针对弗洛伊德的神话分析中,拉康以自己的方式研究了让-皮埃尔·韦尔南[②]理解神话的传统。韦尔南如是说:"如果我们在分析的最后,试着描述古典时代遗留给我们的神话形象,那么我们一定会被这些形象矛盾的性格震惊。乍一看,传统赋予这些神话形象的身份几乎都是自相矛盾的。一方面,一千多年以来,这些神话构成了文明的普遍性基础,它们不仅仅是宗教生活的参照框架,也承载了社会和精神生活的其他形式。它们如同一块绣花底布,众多博学之人及普罗大众,通过文学作品、口头传诵不停地在这块底布上添枝散叶。另一方面,在相同的文化中,我们似乎既无法认识这些神话所处的地位,也无

[①] 拉康:《智者迷失》,1974年11月13日研讨班记录稿,未出版。
[②] 让-皮埃尔·韦尔南(1914—2007),法国历史学家和人类学家,古希腊专家,法兰西公学院的荣誉教授。受斯特劳斯的影响,他对希腊神话及悲剧和社会的研究采用了一种结构主义的研究方法,这种方法本身在古典学者中产生了巨大的影响。——译者注

雅克·拉康的"父姓"——标点与问题
Les noms du père chez Jacques Lacan
Ponctuations et problématiques

法看清它们的面貌,更无法意识到其自身的功能。或者,我们利用一系列缺陷或贫乏的理由来否定神话:神话都是无稽之谈,是不合理的,既不是真理也不是现实。又或者,即使我们赋予神话一种积极的存在模式,那么也是为了将其缩减为它自身之外的其他模式,就好像神话只有能够转移到其他领域,翻译成一种外来语言和思想,才能获得存在的合理性一样。有时,我们将神话中虚构的特点与诗歌的创造和文学小说进行比较,认为神话是想象力的一部分,这无疑使我们着迷,但它就像是一位'漫不经心且虚情假意的情人'。有时,神话被赋予真理的意义,但马上又被作为一种笨拙的方法或间接的讽喻,被归类为一种哲学的辞说。在所有文化中,神话在其身份和言语中都构建了一种寓言的形象:它不再处于自身领域之中,哪怕它使用的是一种真正属于神话的语言。在从希腊人那里流传下来的传统思想中,尽管神话有其地位、影响和重要性,但当人们以逻各斯(logos)的名义纯粹、简单地否定神话时,神话的观点和特殊的功能就被抹去了。它总是作为一种形式或另一种形式被驱逐。直到谢林[①]这样的思想家断言,神话与寓言虽然属于一种'同范畴'[②](tauté-gorique),但神话根本不是寓言,人们的观点才发生了根本性的转变:如果神话不再讲述'其他东西',而

---

① 谢林(1775—1854),德国哲学家,德国唯心主义发展中期的主要人物。——译者注
② 同范畴,原词:tauté-gorique,此术语翻译来自《人文与社会译丛实践感》,(法国)皮埃尔·布迪厄作,蒋梓骅译,北京:译林出版社,2012年。

是在讲述那个无法以其他形式表达的内容时，就会产生一个新问题，神话研究的整个领域也会随之发生转变：神话讲述什么？神话传达的意义和表述方式之间有什么关系？"①

韦尔南还指出，神话的意义和作用对使用者来说并非一目了然，与弗洛伊德同时代的人也许就属于这种情况。人们对神话的理解和认知今非昔比，于是产生了几个问题：首先，弗洛伊德创造的俄狄浦斯神话是否合理？它是否只是弗洛伊德及其弟子的神话？更准确地说，神话都是一些匿名的作者口头叙述的故事，为人们带来想象的快乐，这些信仰带来的快乐被几代人共同分享。诚然，弗洛伊德将《图腾与禁忌》形容为科学的神话，也将之看作像赫西俄德《神谱》一样的学术性神话。然而，弗洛伊德的这两篇俄狄浦斯式的神话都不符合我们刚刚提到的所有条件。尤其是这两种神话的起源都有其书写文本，以及明确的书写形式：一个来自悲剧，另一个来自学术性的、有论证的文本，其中隐藏了一位等待亲吻的公主。②拉康对作为神话载体的文学作品进行了逐字分析，试图将秘所思（muthos,

---

① 让-皮埃尔·韦尔南：《古希腊的神话与社会》，巴黎：马斯佩罗出版社，1974年，第214—215页。
② 卡尔曼·莱维：《弗洛伊德1913年5月13日信》，摘自《弗洛伊德与费伦齐的通信》，卷I，巴黎：雄鸡与苍鹭出版社，1992年，第514页。参见斯坦因《史诗般的神话》，摘自《精神分析白皮书——图腾与禁忌》，第13期，日内瓦：乔治出版社，1995年，第15页。

或神话）[1] 简化为逻各斯。他的目的是努力实现简化精神分析基础的神话起源，因为自弗洛伊德起，神话始终在精神分析受众群体中发挥影响。

但这难道不是在侵蚀精神分析的基础吗？拉康认识到了逻辑和神话之间的亲缘关系，同时也承认神话只是真理的半说。但是，如果我们剥去神话的外衣，是否只会剩下一些犹抱琵琶半遮面的东西？什么都没有。神话的半说与其形式关联在一起，就像诗歌的意义或无意义与其形式的关系。如果我们消除神话的半说，那么从神话中汲取灵感的逻辑难道不会受影响吗？我们的答案是，除了神话，真理还有其他方式的半说。但这些方式是否具有理论上的一致性？拉康的答案又是什么？他重新质疑了俄狄浦斯的神话功能与父姓之间的关系，也对能指的歧义性提出了问题，这或许并非偶然。父姓的复数形式在这里具有明确的歧义性，因此在弗洛伊德的凝结机制的水平上，知识之谜重新发挥了作用。但事实仍然是，神话形式是精神分析整体构造中不可或缺的一部分，并且我们在试图摆脱这些神话形式时，它们也许会以一种更加原始的方式重新出现。

---

[1] 秘所思，原词：muthos，在荷马史诗中被翻译为"神话"，意指"言语"和"说出来的东西"。此术语译来自宋继杰《外国哲学》，2016年6月原发期刊：《清华大学学报：哲学社会科学版》，2016年，第2期，第48—57页。——译者注

父姓问题在"RSI"研讨班得以解决

我们认为父姓问题在研讨班"RSI"中得以解决，因为在此次研讨班之后，即使还会涉及父亲的问题，比如在研讨班"圣状（sinthome）"中谈到与乔伊斯相关的内容时，拉康也没有再次公开回顾1963年11月20日中断的"父姓"研讨班。

拉康最后一次提及研讨班"父姓"的中断是在研讨班"RSI"中，他以一种欣喜到近乎癫狂的情绪提到了它，并以酒神的方式庆祝了这一问题的解决："父姓，哦！父亲的驴驹子们，如果我再一次举办我的研讨班，我将会准备一些这样的家畜，让它们放声高歌！我会像驴一样'啊呃'地叫，这个词来自一个女人的新鲜蠢话！这就是为什么那些驴子们拿着名单——当然是候补名单，在国际精神分析协会门口排起长队，而小安娜·弗洛伊德则在幕后为我熬制好饲料。我当然不会麻木地在土地上不知疲倦地转圈：土地！土地！还以为自己到达了终点。我只能坚定地飘荡着，然后，用我的训练约束我的飘荡，因为我可以从中受益。"①

此前一个月，拉康重申了他在1963年11月20日讨论过的观点："若被允许，我今天将要提出这个问题，关于实在界、象征界和想象界的扭结到底是否需要环状的补充功能，其稳定性要参照父亲的功能。尽管彼时我还没有找到恰当的表达方式，但

---

① 拉康：《RSI》，1975年3月11日研讨班记录稿，未出版。

正是因为我对此感兴趣很久了,因而我开始研究父姓。"①

拉康的以上言论证实了我们对他在1963年提出的父姓问题的分析,使我们理解该问题与实在界、象征界和想象界的关系。那时,拉康无法用精确而清楚的术语表述他发现的问题。只有在用波罗米结结构的第四种类别解决了这个问题之后,他才明确地将此概念称为"父姓"。正是通过这种补充结构,隐含的问题才得以明确表达。从这一角度看,第四个圆环的确表达了隐含在其他三个圆环中的父姓。

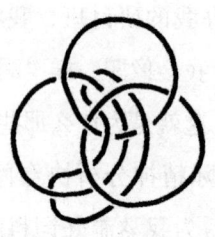

第四个圆环的波罗米结

我们在此要具体说明拉康是如何对波罗米结的三个圆环的稳定性进行补充的。他首先说:"弗洛伊德做了什么?我来告诉你们:他用一个纽结将这三个圆环连接在一起,我想这就是他脚下的香蕉皮吧。他所做的是发明了一种'心理现实(réalité psychique)'的概念。"②拉康假设那些他从弗洛伊德的发明中获得的启发,都依赖于使弗洛伊德滑倒的香蕉皮。而且就在它

---

① 拉康:《RSI》,1975年2月11日研讨班记录稿,未出版。
② 拉康:《RSI》,1975年1月13日研讨班记录稿,未出版。

滑倒弗洛伊德的瞬间，拉康才真正有所领会。但这依然是弗洛伊德的概念，并且拉康补充道："他所谓的心理现实有一个非常完美的名字，那就是俄狄浦斯情结。"几周之后，拉康说出了这句奇怪的话："在弗洛伊德的理论中，我的实在界、象征界和想象界可以转化为一种省音，它们如同三个圆环一样扭结在一起。并且弗洛伊德用他的父姓建立的结构和心理现实是一样的，更有甚者，他所谓的心理现实与宗教现实其实也一样。通过梦的功能，弗洛伊德在实在界、象征界和想象界之间建立了联系。"①拉康将父姓与弗洛伊德的术语"心理现实"进行了比较，认为这就是融入弗洛伊德理论的方式，如同实现了一种他被弗洛伊德阅读的颠倒方式，并据此形成一种"所有阅读的良好规则"。②又或者，更有可能的是，拉康的这句话是在表达，弗洛伊德的心理现实就是父姓的其中一个"姓"。

这就使我们更容易理解为什么拉康将俄狄浦斯情结解构成碎片之后要重新将其整合成一个新概念。在癔症患者的引领下，弗洛伊德发现了梦，但这种神经症的产物是如何在弗洛伊德以及我们身上发挥重要作用的？是否梦使实在界、象征界和想象界最终结合在一起？难道这不会使拉康认为的扭结被解开吗？如果正如拉康证明的，俄狄浦斯情结是无用的，那么他提出的

---

① 拉康：《RSI》，1975年2月11日研讨班记录稿，未出版。
② 乔治·阿甘本：《散文的理念》，摘自《共产主义理念》，巴黎：布尔乔亚出版社，1988年，第57—58页。

波罗米结的一致性也是无用的吗？

拉康在波罗米结的位置置入了俄狄浦斯情结，事实上就是承认了俄狄浦斯情结的功能，这超越了他本人对此情结的批判。或许因为他批判得不充分，但波罗米结依然可以被视为具有增补（suppléance）和补充的功能。如果我们将神话浓缩为其本身之外的其他东西，那么神话的半说将何去何从？波罗米结的第四个圆环提供了答案。俄狄浦斯情结包含了弗洛伊德的一种说法，即真理的半说，它超越并补充了该情结中有待批判的内容。拉康承认了该说法的重要性，并认为它本身就是一个不可缩减的维度，而当他意识到这仅被弗洛伊德当作一个补充性的维度时，更加毫不犹豫地对其说法进行了批判。但在1963年，拉康尚未有真正的方法思考这一维度，以致其仍处于含混不清的状态，从而使他关于父姓的辞说被错误地理解了。

1975年6月，拉康在关于乔伊斯的讲座中提到"父亲就是第四个圆环，没有这个圆环，实在界、象征界和想象界的扭结就无法形成"。他在弗洛伊德的俄狄浦斯情结和波罗米结的三元一致性之间反复思考，终于似乎在刹那间证实了父姓与波罗米结的第四个圆环。他意识到弗洛伊德的俄狄浦斯情结将这三个维度连接在一起，构成了父姓的功能，由此他将第四个圆环命名为父姓，并得出结论，父姓就是波罗米结三个圆环中隐藏的第四个圆环。

"弗洛伊德使用与父姓一致的心理现实"建立的那些"言

论"可以从两个层面上理解：俄狄浦斯情结的本质是父性功能，首先体现在弗洛伊德传达的信息层面，然后才是言论层面。在弗洛伊德的言论中，父亲的神话是他创造的父亲的变体，这样的父亲在他的理论集结中具有一种内在的作用。此父亲的变体不仅是对已有事物的描述和解释，还作为弗洛伊德的创造物产生了新的意义。无论此创造物有何种缺陷，父亲的变体都是现实的更改者。弗洛伊德发明的这种变体，使他能够不把自己视作其理论之父。他的理论与俄狄浦斯情结之名连接在一起，该理论当然是由他命名的，但俄狄浦斯情结反过来又赋予这种理论一种只与这一名字相连的唯一性。俄狄浦斯情结是父姓，因为它在两种意义上对父亲进行了命名：对父亲功能的命名，以及对弗洛伊德理论的命名，而它能够发挥作用恰恰是因为它是没有父亲的理论，我们因此可以将弗洛伊德视作精神分析之父。通过对俄狄浦斯的命名，弗洛伊德将这种亲缘关系归诸一种能指和命名的行为。

拉康的研讨班"RSI"最大的创新在于赋予父姓新的意义：该术语不再仅仅聚焦于给予父亲一个姓名，也指出了父亲给予的一个姓氏："为了在扭结中呈现出个体化，主体需要首先象征化某一事物，而我并不将此称为俄狄浦斯情结，它并没有如此复杂。我将它称为父姓，但父姓与父亲这个词毫无关系，而是意味着从一开始，父亲就并不只是一个词，而是意指被命名的父亲。"①

波罗米结中间的洞表达了这种意义的反转,但我们甚至都无法想象这个洞,于是便引出了这句名言"我就是那个我"。"我们可以肯定的是,命名就是那个唯一可以形成洞的行为。"②但是,也许不是只有在象征界才有形成洞的权力,因为"象征界的洞与命名联合在一起"。拉康也提出了想象界的命名和实在界的命名。他在研讨班"RSI"中作出如下总结:"在这三个术语中,想象界的命名如同抑制;实在界的命名如同那些主体意识到会发生的事实,也就是焦虑;象征界的命名,我想说的是,它意味着象征界本身的精华如何以一种症状的形式发生。关于此问题我已经有了答案,所以这并非是一种论证,我也不会将这个问题留给你们。明年我将尝试回答一个新的问题,即在这些术语之间,如何给予父姓一种适合的实体。"③

既然拉康认为可以对实在界、象征界和想象界进行命名,那么他将这三种维度称为父姓的三种维度也就不足为奇了:"我想告诉你们,我没有讨论父姓是有原因的。正如我想象的一样,你们中的一些人已经知道我对这个概念进行了反复思考,当我最初谈及'父姓'时,就已经提到过'父姓'的相关问题了。在我看来,父姓可以这样理解:基于我之前对'意义'一词的

---

① 拉康:《RSI》,1974年4月15日研讨班记录稿,未出版。
② 同上。
③ 拉康:《RSI》,1975年5月13日研讨班记录稿,未出版。

重视，实在界、象征界和想象界都可作为父姓，由于它们都曾进行命名行为，因此它们都是一些重要的名词。"① 那么甚至可能有"无限数量"的父姓，如同在波罗米结中一样。"由于它们结成一体，都建立在'一'之上，那么这个'一'就可以作为一个洞，将其一致性传递给所有其他的父姓。"② 拉康在1963年发表的存在无限数量的"父姓"的观点，在分析家中引起了"骚乱"！而他本来只准备讨论"两三个小问题"。

如果存在无限数量的父姓，那么父姓就不仅只有一致性的优势了，比如我们还可以考虑为其增加第四个圆环。父姓并没有以一种固定的方式依附在任何一种一致性的表象上。但是应当存在一种一致性，能够使父姓在与波罗米结形成的四种一致性中发挥作用。事实上，在四种一致性中只有前三种一致性可以被鉴别出来，而第四个圆环与其他三个圆环不再那样严格地等同起来。下面连接在一起的图形可以说明。

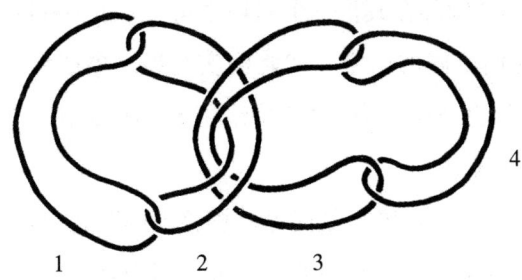

---

① 拉康：《RSI》，1975年3月11日研讨班记录稿，未出版。
② 拉康：《RSI》，1975年4月15日研讨班记录稿，未出版。

雅克·拉康的"父姓"——标点与问题
Les noms du père chez Jacques Lacan
Ponctuations et problématiques

如果我们想切断圆环1和3，那么将会得到一个不同的图案，在无法简化它的情况下会得到更多的交叉点。另外，在这三个波罗米结中，如果我们没有给圆环进行着色和定向，那么这些圆环完全可以互换，我们总是可以从一个组合得到另外一个组合。

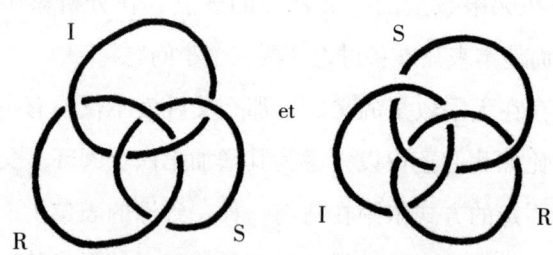

在这三个波罗米结中，"实在界、象征界和想象界的三个术语之间存在着一种同一性，以至于我们似乎必须在每一个术语中都找到一种三重性，即实在界、象征界和想象界的三位一体"[1]。第四个圆环在其他三个圆环之间引入了一种区分，我们可以赋予它们不同的名字：父姓的实在界、象征界、想象界。第四个圆环因此支持了命名的功能。拉康对此论述："命名就是四分之一的元素。"

准确地说，实在界、象征界、想象界的联名包含了这三者的衔接，同时又构成了它们的一部分，因为第四个圆环像其他

---

[1] 拉康：《RSI》，1975年5月13日研讨班记录稿，未出版。

190

三个圆环一样,将波罗米结扭结在一起。自从这些术语被拉康引入他的教学中以来,实在界、象征界、想象界和父姓的衔接问题直到1975年才利用波罗米结的扭结得以解决。父姓与实在界、象征界、想象界的连接方式使其有别于其他元素,正如波罗米结的第四种元素,尽管它们一样服从于同样的连接原则。波罗米结维持了术语间关系的同一性和关系中术语的区分。父姓的复数形式同实在界、象征界和想象界结合在一起,意味着这种结合是由父姓形成的。

关于父姓的辞说修补了一个洞的理论,可以在波罗米结的洞中找到一个可操作的定位,比如上帝对摩西的回答("我就是那个我")。在整数公理中,父亲与零等同,这就是在弗洛伊德对俄狄浦斯情结制作的失败中呈现出的洞。那么,拉康坚持不懈地提醒"父姓"研讨班的中断就有了意义,即对父姓的阐释中存在一个洞。因此,我们不难理解为什么拉康在1975年之后停止了这一提醒的行为。

波罗米结不仅仅将弗洛伊德提出的俄狄浦斯情结视作症状纳入父姓的问题中,而且还对父姓问题进行了加工,并将实在界、象征界和想象界都定性为父姓。由此我们可以得出结论,对于拉康而言,波罗米结本身就构成了一个新的父姓。

正如我们注意到的,拉康的每一次重大理论转折都伴随着其周围机构体制的戏剧性变化,1975年也不例外。在经历了1953年的分裂、1963年的独立和EFP的成立、1969年离开乌尔

雅克·拉康的"父姓"——标点与问题
Les noms du père chez Jacques Lacan
Ponctuations et problématiques

姆街和第四小组①的组建之后，万森纳大学②在1975年也出现了危机。拉康在研讨班"RSI"的第一次研讨日中，就提到了1975年万森纳大学的这次危机。有趣的是这重复了1963年发生的事件，让我们不禁怀疑1974年至1975年的研讨班也没有完结……③

1968年法国五月运动后，万森纳大学在同年12月成立了一个由拉康派分析家管理的精神分析系。1974年，雅克-阿兰·米勒谴责了该系一直以来的教学情况："自该系成立以来，教学和研究工作一直举步维艰，几乎处于停滞状态。这种情况不能再继续下去了，无论从精神分析的伦理角度，还是从大学及其学生们的角度来看都令人气愤。"④米勒确定了研究、教学和出版工作的方针，并担任方针负责人，拉康则任科学主任。新方针的提出并没有引起争议和冲突，万森纳大学和EFP的内部，以及主流媒体（比如《解放》《世界》杂志）都表达了相同的观点。⑤拉康对该系的重组给予了大力支持。

---

① 第四小组成立于1969年3月，被视作法国精神分析运动发生的第三次分裂。它是一个法语精神分析组织，遵循的原则和方法来自拉康的理论和国际精神分析协会的标准。——译者注
② 万森纳大学，又称巴黎第八大学，坐落于大巴黎地区的圣丹尼市（93省），是法国有名的公立大学之一。该校一直是法国教育机构中民主思想的发源地之一，在巴黎十三所大学中，以人文社会科学和跨学科研究而闻名。在1968年法国五月运动之后，拉康的学生勒克莱尔在这所大学建立了精神分析系，该系的教师全部由拉康派精神分析家组成。——译者注
③ 拉康：《RSI》，1975年11月19日研讨班记录稿，未出版。
④ 雅克-阿兰·米勒：《奥尼克杂志》，第1期，巴黎：利兹出版社，1975年1月，第12页。
⑤ 参见奥迪内斯科《系谱学》，巴黎：法亚尔出版社，1995年，第299页。

与此同时，米勒在1974年10月底于罗马举行的EFP大会上，发表了一篇广为人知的演讲，他称赞拉康是大师、癔症患者和分析家。这篇演讲还以《呀呀语理论》（Théorie de lalangue）为题，发表于1975年1月《奥尼克杂志》的第1期创刊号《弗洛伊德领域的周期性公报》上，该文章用大量篇幅介绍了万森纳大学精神分析系的重组。值得注意的是，该系公开宣称以精神分析学[①]为主，但是，拉康在研讨班"RSI"中提出的波罗米结的拓扑学并不完全符合这一主题。也就是说，拉康提前实施了他自己的教学形式。

[①] 雅克－阿兰·米勒：《奥尼克杂志》，第1期，巴黎：利兹出版社，1975年1月，第13页。

姓之姓的姓

姓之姓的姓

在1974年至1975年期间，拉康曾经两次将父姓形容为"姓之姓的姓（Nom de Nom de Nom）"。首先，拉康在1974年9月1日为维德金①的法语版《春之觉醒》作的代序中写道："然而，天父有越来越多的（姓名），但除了姓之姓的姓这一个姓名之外，没有一个是适合他的。没有一个姓名是他的专有名，除了作为抛入式存在（ex-sistence）②的姓。"③几个月之后，拉康在研讨班"RSI"中又说："至少有一个上帝是真实中的真实，他作为大写的L，为所有的言在、为万物命名。如果没有父姓作为姓之姓的姓使智者迷失，那么迷失的智者将无所适从！"④

在拉康修改父姓的意义及其用法的关键时刻，他对父姓的这段描述是值得我们严肃思考的。可是，拉康对此并没有过多的解释，因此我们将依据这段描述的上下文作出一些解释，再

---

① 维德金（1864—1918），德国作家、剧作家。——译者注
② 抛入式存在，原词：ex-sistence，此翻译参考清华大学哲学系，龚李萱翻译海德格尔《存在与时间》的讲座："2018年3月19日至31日，斯坦福大学宗教学研究系教授、清华大学哲学系访问教授Thomas Sheehan来访清华大学哲学系，第三次开办访问教授短期研讨班。在本次研讨班中，Sheehan教授主要梳理了海德格尔《存在与时间》的§1—§53的主要内容，并指出§9的核心地位。Sheehan教授对比了海德格尔与胡塞尔关于'人之定义'的差异，并重新阐释了海德格尔哲学中较为复杂的核心概念，如将Exsistence解释为Ex-sistence（抛入式存在），将Ereignis解释为Opening-of-possible-meaning（可能意义之展开），将Nothing解释为No-a-thing（非物质性存在）等。"——译者注
③ 拉康：《代序》，摘自维德金《春之觉醒》，由勒尼奥翻译，巴黎：伽利玛出版社，1974年。
④ 拉康：《RSI》，1975年3月11日研讨班记录稿，未出版。

雅克·拉康的"父姓"——标点与问题
Les noms du père chez Jacques Lacan
Ponctuations et problématiques

次尝试展开对其表达方式的理解。

父姓的抛入式存在（ex-sistence）

拉康为维德金的剧本加了一个副标题《童年的悲剧》，并在其故事框架中讨论父姓，将之与欲望的科学定义进行比较，从而指出这就是一种欲望的"悲剧性体验"。① 事实上，他已经强调过《俄狄浦斯王》《哈姆雷特》《安提戈涅》的悲剧和克洛岱尔的三部曲（《人质》《受辱的父亲》《硬面包》）的代表性价值，认为这种价值在父姓的辞说和关于父姓的辞说中都极具冲击性。因此，这一次，拉康以欲望的悲剧性体验为基础，生造了这一词组：姓之姓的姓。

尽管名为《春之觉醒》，但维德金的这出戏剧却是一部悲剧。剧情是围绕着一位名叫莫里茨的青年的自杀经历展开的：他的朋友梅尔基奥尔让一名年轻的女孩旺德拉怀了孕，发生这件不幸事件的原因是这名年轻女孩的母亲从未向她传授过性知识，出于无知，她同意梅尔基奥尔的性要求，最终死于流产，而梅尔基奥尔只是被高中开除，这件事对莫里茨产生了极大的负面影响。在戏剧的结尾，梅尔基奥尔遇到了莫里茨，莫里茨将他的头死死夹在腋下想要勒死他。但这时出现了一个"戴着面具的男人"，梅尔基奥尔因为这个陌生人的反对幸存了下来。

---

① 拉康：《1961年5月3日的研讨班》，摘自《转移》，巴黎：门槛出版社，1991年。

1907年2月13日，弗洛伊德和他的弟子们在周三心理学研究小组的会议上对这部戏剧进行了讨论，并向维德金对幼儿性欲的认识致敬。对此，拉康补充说"如果男孩没有梦的唤醒"，他们就无法出现和女孩们做爱的念头。

拉康认为"戴着面具的男人""很好地"表现了父姓的抛入式存在的假象。在维德金的戏剧中，这个戴着面具的男人在故事结尾处作为一个"解围之神"①出场，维德金在柏林的首场演出中亲自扮演了这个角色。我们对这个角色一无所知，他也可能是个女人，因为此角色被浓缩为一个面具，成为一个假象。我们可以说，这一"角色"发挥了一种补充作用。维德金宣称他的戏剧是献给这个角色的："献给这个戴着面具的男人。——作者。"拉康注意到了这一点，但是奇怪的是，他却说了一些含糊的话："［……］这个戴着面具的人，为全剧画上了一个句号。他不仅是维德金为从莫里茨那里拯救梅尔基奥尔而创造的角色，（我们重点指出的是）还是维德金假想的致献对象，也就是专有名词的持有者。"与其说，维德金将自己的假想献给这个戴着面具的男人，不如说，拉康指出的这个男人作为一个专有名词献给了他的假想。为了假想构建一个专有名词，所以假想才能够被题献，在这种情况下，假想就像是一个面具。戴着面具的男人之姓名存在于假想之前，但假想给予了他一个专有名

---

① 在古希腊戏剧中，舞台上突然出现的解围之神，也称为意外出现的救星、解围之人，作用是扭转局面的人或事。——译者注

雅克·拉康的"父姓"——标点与问题
Les noms du père chez Jacques Lacan
Ponctuations et problématiques

词,却并不能代表他的全部。戴着面具的男人在假想中有其地位和角色,但他仍然独立于假想之外。假想固定下来的名字,可以使维德金将这个角色纳入其中,并为之奉献上一个纯粹虚构的抛入式存在。对于维德金而言,戴着面具的男人之所以能成为父姓的抛入式存在,取决于假想在没有废除其抛入式存在的情况下,对他的专门命名。

"戴着面具的男人"来自德语"der vermmunmte Herr"的翻译,直译为乔装改扮的男人,如同用衣物把自己包裹起来的圣诞老人一样,换言之,他就是父姓。拉康对维德金题献的反转式分析,不正是来源于他没有屈从于戴着面具的男人的抛入式存在承载的包裹性结构吗?

"父姓的抛入式存在"如此激进,以至拉康提出了这样的问题:"父亲本身,这个我们所有人永恒的父亲,是否只是白色女神[1]的另一个姓名?"罗伯特·格雷夫斯[2]认为白色女神曾是神话中远古母亲的名字,拉康从中得到了启发。她没有具体的形象,其最广泛的象征也许是德尔斐发现的著名大型石雕工艺品奥姆法洛斯,它很有可能代表了一小堆覆盖在点燃的木炭上,以保持炉火不产生烟雾的白色灰烬。此外,格雷夫斯还认为,

---

[1] 白色女神,希腊神话中的一个女神,原名琉科泰娅。在荷马的《奥德赛》中琉科泰娅化身为海鸥在奥德修斯遇上海难的时候出场,交给他一方纱巾,让他围在腰间以获得神力保护,最终得以见到瑞西卡。她被人认为携有神谕之神,可以为人释梦。——译者注
[2] 罗伯特·格雷夫斯(1895—1985),英国诗人、学者、小说家及翻译家,专门从事古希腊和罗马作品的研究。——译者注

在奥林匹斯创世神话中，原始父亲的姓名：乌拉诺斯（Ouranos），是风之女王和夏之女王乌尔阿娜（Ur-Ana）的阳性形式。[1]我们可以看到，拉康在父姓的研究过程中毫不犹豫地引入了神话。他在自己假想的维度上，支持了父姓的抛入式存在。

此外，拉康在研讨班"RSI"中试图赋予"抛入式存在"一种逻辑和拓扑学上的地位，在父姓的研究中继续交替使用科学的定义和悲剧的经验。

在研讨班"RSI"中，拉康根据波罗米结重新定义了抛入式存在的概念："它在普遍性的存在之物中喋喋不休，我的小波罗米结为我们展示出其用途：抛入式存在的本质就是那个过去（ex）的东西，或是那个围绕着一致性旋转的东西，它制造出间隔，而在这些间隔中它有36种方式形成结子。"[2]几周之后，拉康举例说，享乐存在于阳具之中。[3]他将实在界、象征界和想象界的三元结构分别等同于抛入式存在、洞和一致性。这两组术语结合在一起，且每一个术语的定义都同时与其他两个术语相关。另外，每个术语都具备三个坐标，在本质上都具有相关性，它们不再是一些描述性的术语，每一次传递的一种三合一的关系，都决定了主体、自我和他者的位置。

一致性庇护了"不—矛盾"（non-contradictoire）的因素，

---

[1] 罗伯特·格雷夫斯：《希腊神话》，巴黎：法亚尔出版社，1967年，第19—33页。
[2] 拉康：《RSI》，1975年1月13日研讨班记录稿，未出版。
[3] 拉康：《RSI》，1975年3月11日研讨班记录稿，未出版。

并且假定了论证。正如波罗米结的三个圆环是等同的,实在界、象征界和想象界之间存在着一致性,洞与抛入式存在也是一样的。每一个圆环都具有内在一致性,交织在一起的扭结同样如此。但是扭结的实在性并不取决于其编织的形状,拉康说:"即使我没有在黑板上画下波罗米结,它也具有实在性,因为它不论由谁画出来,我们都能看出其具有不可能性的特征,在实在中,它仍然是一个扭结。这也是为什么我相信,我提出的某个概念对那些聆听我的分析家们的临床工作是有用的,因为这使他们知道想象编织出来的东西的确存在,这种抛入式存在是对实在的回应。"[1] 抛入式存在属于打破扭结的假想领域。该领域在波罗米结的扁平化过程中作为一种中介出现。

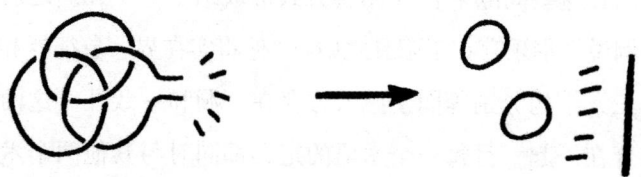

因为这是关于实在界、象征界和想象界构成的波罗米结的拓扑学,父姓的抛入式存在在此只要一涉及此扭结的实在性,父姓就会失去本身的实在及命名的实在性。然而,父姓和实在是通过命名相互映射的。

---

[1] 拉康:《RSI》,1975年2月12日研讨班记录稿,未出版。

拉康说:"我将父姓简化成一种为事物命名的基础功能,并由此承担其结果。"① 稍后,他宣称:无意识是存在的,"它是我用'言在(parl'être)'命名的这一鲜活之物的实在性条件,它命名事物,正如我刚刚提到的《圣经》中伊甸园的第一幕幻景"。继而:"在语言学中[……]赋予名称,即给予一个事物一种修辞学上的名称与我们所说的'命名'有所区别。我们还会发现,这与交流也有区别。严格来说,修辞学与某实在之物联结在一起。"正如我们所见,从这个角度看,实在界、象征界和想象界命名的某物,就是父姓。"那么依我之见,根据我刚刚强调过的,最重要的就是实在界、象征界和想象界创造的词义。它们都是父姓。因为它们命名了事物。正如《圣经》中关于父亲的非凡描述,在人类想象的最初阶段,是上帝赋予了事物名称,这些名称并非是相同的,每种动物都有自己独特的名称。"

这就产生了一个问题:如果实在界、象征界和想象界都是父姓,那么是否意味着父姓的命名可以同时成为实在界、象征界和想象界的命名?在研讨班"RSI"的最后,拉康详述了一个答案。② 我们似乎需要区分命名,第一种是通过修辞学给动物进行命名,这是象征界的;另一种是使用实在界或想象界相结合

---

① 拉康:《RSI》,1975年3月11日研讨班记录稿,未出版。
② 拉康:《RSI》,1975年5月13日研讨班记录稿,未出版。

的命名，这既是一种"局限于象征界"的命名，又是"来自象征界"的命名，同时还是在想象界或实在界产生影响的命名。因此，拉康关注上帝对动物们的命名与希伯来文记录的《创世纪》中"要有光（Fiat lux）"的故事是不同的，在命名的故事中，实在界从象征界中产生。

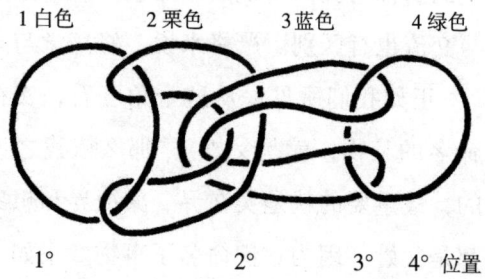

联结的概念来自波罗米结的四种圆环的一致性，与三种圆环不同的是，这四个相互联结在一起的波罗米结在固定配对之外没有互换性。1°和2°圆环可以互换，但不会改变扭结的形状。这同样适用于3°和4°。

但是，如果栗色圆环的扭结换到3°的位置上，那么蓝色和绿色圆环就会根据不同的配置来到2°的位置上，如图：

姓之姓的姓

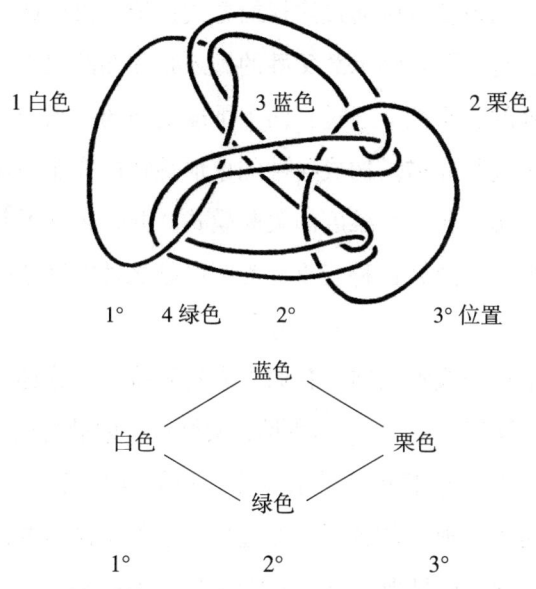

圆环1和圆环2的分离使圆环3和圆环4作为中介进行了联结。这种联结构成了一种圆环1和圆环2的关系的命名。在初始情况下,命名来自实在界、象征界或想象界,而依据圆环3和圆环4的联结,命名在实在界、象征界或想象界与症状结合,以及圆环1和圆环2代表的剩下的其他两个维度,在每一种情况下都会有所变化(实在界与象征界的联结代表了想象界的命名;想象界与象征界的联结代表了实在界的命名;实在界与想象界的联结代表了象征界的命名)。

如果从本质上讲,父姓包含的命名是一种象征界的操作,那么它就可以通过扭结的方式与想象界或实在界结合在一起代替父姓,我们也就可以通过这样的方式讨论想象界或实在界的命名。这就是波罗米结承载父姓的抛入式存在的根本论点。这意味着父姓的三重性:通过将两个维度之间的关系与第三个维度关联起来进行命名。构成父姓的象征性特征并非一定来自象征界,而是源于与一个维度的关联模式,并且包含了其他两个维度的命名。因此,这种三重性为解释姓之姓的姓这一表述提供了线索。

在讨论这条线索之前,我们先来看看拉康在论述父姓时偏爱参考的《圣经》。正如我们所见,父姓这个词最初从基督教借用而来。耶稣的救赎传达的信息是,他能以其父亲上帝之名,宣称自己是上帝所生的独子。通过聚焦于关于命名的讨论,父姓的神秘之处得以显现,拉康于是将注意力转移到《旧约全书》上。首先是1963年至1975年期间关于上帝之名的文本《出埃及记》的探讨,然后是1975年,研究关于上帝命名的文本《创世纪》。1963年的转变尤为明显,因为中断的研讨班"父姓"第一次研讨的正是《旧约全书》中,关于上帝之名的主题。这就是当时的转折点之一。

"我就是那个我"的版本

拉康从一开始就非常重视《出埃及记》第3章中关于:当灌木丛燃烧时,上帝回答摩西询问其名字的方式的描述。当时,摩西正在喂养他岳父的羊群,一位天使出现在没有燃烧的灌木丛中。上帝在灌木丛后面召唤他，托付给他一项使命：返回埃及并带领希伯来人出走埃及，服务于上帝。"第13节：摩西因此对上帝说：'好吧！我要找到以色列人的孩子们，告诉他们：你们的父亲上帝派我来见你们！但如果他们询问父亲的名字，我该如何回答他们呢？'第14节：上帝对摩西说：'我就是那个我。'并且他补充道：'你可以对以色列的孩子们说：我是[èhiè]派我来见你们的。'第15节：上帝又对摩西说：'你对以色列的孩子们这样说：我们父亲的上帝，亚伯拉罕的上帝，以撒的上帝，雅各布的上帝耶和华派我来见你们。这是我永远的名字，后世子孙都要以此名来称呼我。'。"①

因此，摩西可以"以……的名义"②说话了。但是他将以什么，以谁之名说话呢？上帝交出了他自己的名字吗？这就是所有关于上帝圣名的讨论主题，我们试着对这两种现有的文字进行对照和阐释：我就是那个我（èhiè ashèr èhiè）和耶和华（四字母神：YHVH）。

今天，YHVH③已经难以在口头上表达出来，因为它的发音

---

① 《出埃及记》，摘自《耶路撒冷圣经》，巴黎：杜瑟夫编辑，1961年，第13—15页。
② "有一个人自称是先知，说上帝对他讲话，并派他来，在这位摩西大师之前，我们从未听说过这种事情。"摩西·迈蒙尼德：《迷途指津》，巴黎：翠鸟出版社，1979年，第153页。拉康"以……的名义"在电视上对着公众讲话："在这两种情况下（在电视和研讨班中），我都会被注视，但我并没有对着某个人在讲话，而是以某个名义在讲话。"《电视》，巴黎：门槛出版社，1973年。
③ YHVH（四字母神），犹太教中使用的神名包括《希伯来圣经》中最常用的这个词，以及许多源于《圣经》或犹太教拉比的修饰神属性和品质的隐喻，因为四字母神名在古代犹太教中备受尊崇，以至于变得难以言喻。——译者注

已经失传。在公众场所的演讲中，它已经被 Adonaï（Adon：主人，天主的复数形式）取代。耶和华现在的名字便由此而来：YHVH 加上 Adonaï 的元音。《七十士译本》[①]中的希腊语译为：Kyrios：天主。最初，耶和华每年只能于赎罪日当天，由大祭司在耶路撒冷圣所宣读一次。但自 1970 年圣殿被毁之后，这一惯例就被学习《塔木德经》[②]取代，但其真正的发音已经失传，然而它仍然是上帝身份重要的代用词。

上帝还有其他名字，但它们都不具有神圣性，无法代表作为四字母神（YHVH）的上帝，但它们可以发音，例如我们已经提到过的 Adonaï。还有 El，它属于闪米族人的通用词汇。Elohim 的复数，是最常用的形式，它本来可以指示所有神灵，但在《圣经》中常常用来指示独一无二的上帝。El Shaddaï，则是指至高无上的上帝、天地的创造者、大地的主宰，通过自我之名做出选择，许诺某种可传递的联盟。当然上帝还有其他名字，比如 Adonaï tsvaoth，意指万军之主，磐石。

耶和华（四字母神：YHVH）的起源至今仍是一个谜，是无数注释的对象。有些人认为，它可能起源于摩西母亲的神名

[①] 《七十士译本》，"七十"或用罗马数字 LXX 表示，是新约时代通行的《希伯来圣经》的通用希腊语译本，大约于公元前 3 世纪到公元前 2 世纪期间，分多个阶段于北非的亚历山大完成，最迟不晚于公元前 132 年。《七十士译本》普遍为犹太教和基督教信徒所认同。全卷书除了包括今日普遍通行的《圣经旧约》以外，还包括《次经》和犹太人生活的文献。
——译者注

[②] 参见阿甘本《散文的理念》，马塞翻译，巴黎：布尔戈瓦出版社，1988 年，第 44 页及之后。

YO，与"我的（Yan）"同义，是信徒对保护神的称呼。①另一些人则认为，耶和华的词根意指"跌倒"，或者祈祷中使用的一种感叹词。还有人认为，它是一个原始词的延伸，用于神名的复合形式。②

然而，即使这在科学上值得商榷，但从神学角度看，《出埃及记》第3章第14节和第15节之间以及与《出埃及记》第6章第3节之间存在着平行关系，因此，耶和华是动词hyh，hayah的第三人称，这在神学上是正确的，也是常见的观点："'他是'，重新采用èhiè ashèr èhiè中èhiè表达的'我是'。正因如此，我们可以将这句话翻译为：'我是'那个'被称为'或'那个'——'我是'。为了可以表述'他'，我们说'我是'，或者用第三人称'他是'，形式更为接近'耶和华'一词的第三人称'他'，而这种表达方式演变成希伯来人对上帝永远的称呼。"③安德烈·乔拉基④也将èhiè与耶和华联系起来，并认为这是《圣经》前所未有的大胆尝试："摩西认为èhyèh和YHVH这两个词都来源于'存在（être）'，即havah或hayah的词根，诞生于原始语

---

① 《圣经神学词汇》，由泽维尔-莱昂·杜富尔、让-杜普拉西、奥古斯丁-乔治、皮埃尔-格雷罗、雅克-吉列、马克-弗朗索瓦·拉康编著，巴黎：埃德瑟夫出版社，1971年，第1388页。
② 弗兰克·米凯利：《出埃及记》，巴黎：德拉肖与涅斯特尔出版社、纳沙泰尔出版社，1974年，第55页。
③ 同上，第51页。
④ 安德烈·乔拉基（1917—2007），阿尔及利亚、以色列籍法国律师、作家、学者和政治家。——译者注

雅克·拉康的"父姓"——标点与问题
Les noms du père chez Jacques Lacan
Ponctuations et problématiques

言时期和古代语言时期。这两个词都可以表示现在和将来的存在（èhiè实际上可以是将来时态，犹太人通常这样翻译），èhyè是第一人称的单数。我是且我将是的第二形态是无法发音的，第三人称单数则被写作他是且他将是。对于先知而言，圣言（Verbe）和神名（Nom）前所未有的大胆在于埃洛希姆①用自己的嘴表达出，将第一人称单数的'我'与第三人称单数'他'，即'我'和'他'结合在一起。神性在人类身上默启并化为肉身，人受到神性的启示，以神性的名义讲话。摩西作为'我是èhyè'出现在他的子民面前，'我是'派摩西来到他们面前，而无法言传的上帝隐藏在他身上。上帝是／并将是永恒的，他是埃洛希姆的父亲的父亲们。"②

在虔诚的信仰中，知道某人的姓名，意味着认识到他的存在，耶和华的意义因此变成一个重要问题，了解这种意义就等同于认识上帝。依据我们是否愿意强调这句"èhiè ashèr èhiè"与四字母神"YHVH"之间的连接，以及我们是否愿意使用这句话表示上帝的存在，它都会有不同的翻译。神学家弗兰克·米凯利认为，这句话的各类翻译归纳起来主要有两种："我就是那个我，或我就是我，实际上是指：我不想说出我的名字，没有任何人可以知道，或者'我就是他'（用法语翻译为：je suis ce-

---

① 埃洛希姆，又译为以利、耶洛因、伊罗兴，在希伯来语中，表达"神"的概念。当与复数动词并用时，意指"众神"。——译者注
② 安德烈·乔拉基：《摩西》，巴黎：悬岩出版社，1995年，第151页。

lui qui est），也就是指一种特别的存在。"[1]

德国神学家卡尔·巴特[2]也做出了类似的区分。他认为，上帝拒绝说出自己的名字，也就是拒绝揭示出自己的身份，只显露出了他的神秘性。这种拒绝意味着他是一位圣言之神（Dieu de Parole）。他委派摩西，选择了以色列，并与之立约，且信守自己的诺言。巴特批评那种将上帝与存在等同起来的翻译，他认为上帝的回答恰恰不是一种认同。

犹太教译本倾向于用将来时态来翻译èhiè："我会成为我将要成为的人"和"我将成为被委派到你们这里来的人"。这就是我们在乔拉基翻译的《圣经》中读到的内容。然而，在《摩西》一书中，这位译者将这句话翻译成"我就是我"，并认为这句话表达的是"我们必须理解，上帝处于我们的时间标尺之外，他同时处于过去、现在和未来，其意义是永恒的"。[3]因此对他来说，耶和华之名揭示了上帝存在的奥秘，同时也呼唤着与上帝的神秘性相结合："这个我是必然表示拥有圣名的人，也指听到并重复这个圣名的人。"[4]乔拉基反对在《圣经》的翻译中抹去耶和华（YHVH）的拼写法，认为这样基督教就失去了它宣称的

---

[1] 弗兰克·米凯利：《出埃及记》，巴黎：德拉肖与涅斯特尔出版社、纳沙泰尔出版社，1974年，第44页。
[2] 卡尔·巴特（1886—1968），瑞士籍法国新教神学家，新正统神学的代表人物之一。——译者注
[3] 安德烈·乔拉基：《摩西》，巴黎：悬岩出版社，1995年，第147页。
[4] 同上，第148页。

雅克·拉康的"父姓"——标点与问题
Les noms du père chez Jacques Lacan
Ponctuations et problématiques

来自上天的启示的本质。在翻译成希腊文的《七十士译本》中，亚历山大的拉比们用"kyrios Theos"来代替主神（拉丁语：Dominus Deus）这个无法发音的名字，然而用奥林匹斯山的异教诸神来指称主神似乎是对神的亵渎。耶和华的名字是不可言传的，但如果用异教起源的名字来代替其名，尤其是"Deus"，其拼写近似于"Zeus"（源自梵文的Deva，它产生了妖魔"daïmon"和魔鬼"démon"）或"God"（源自英语和德语中的"Odin"或"Wotan"，意指"愤怒之神"）这样的词。同样的道理也适用于其他所有被剥夺了圣名原本超越性的昵称。因此，这种超越性必须以不篡改"YHVH"的拼写为标志，即使我们在读它的时候，其发音是另一个神圣的名字：耶和华。

《七十士译本》的希腊文译本（*ego eimi o ôn*：《我是存在》）以及《武加大译本》的拉丁文译本（*ego sum qui sum*）都极力强调存在，甚至将上帝同化为存在："上帝并没有说：'我是全能、仁慈、公正的主神。'其关注点在于如果他这样说，他将拥有真理。但他摒弃了所有可能有助于命名上帝和称他为神的词语，他在回答中称自己为存在，仿佛这就是他的名字，'你对他们这样说，是他派我来的'。"[1]同样，在迈蒙尼德看来，上帝对摩西的回答意味着上帝是"必然的存在"，"存在即是存在"。[2]

但是，任何名字都无法表示上帝的本质，因为上帝超越了

---

[1] 圣奥古斯丁：《上帝与存在》，巴黎：奥古斯丁研究所出版，1978年，第152页。
[2] 摩西·迈蒙尼德：《迷途指津》，巴黎：翠鸟出版社，1979年，第154页。

本质。这就体现了一种否定性的神学悖论：上帝的存在被隐藏起来，其圣名更好地说明了他的存在。他的名字不可言说，更加与其存在混淆在一起，使其存在具有超越性。名字应该给予存在更大的形态，因为名字与存在融为一体，这恰恰显示出形态的不可理解性。从这个角度上讲，名字即是无名（sans-nom）。

  基督教的传统遵守一种妥协方法：上帝告诉摩西的名字正是对其圣名的保密："严格来说，如果上帝没有拒绝说出自己的名字，那么他赋予自己的名字就将不被视作圣名，因为圣名是不能被人类得知或呼唤的。这就是为什么他给予名字一种特定的表达方式，而这种表达方式包含了其本质：动词'是'处于第一人称之后，就是'我是'。因此，上帝将其归结为我是：'我是'。"[①]同样，阿尔贝·卡科[②]在一篇关于"èhiè ashèr èhiè"这句名言翻译问题的文章中明确地谈到了"上帝的化名"，在其中，他选择"我会成为我将要成为的样子"作为此句的法语翻译。他质疑 YHVH 作为动词"是"的第三人称含义，认为神对摩西的宣告"本身就有其存在的理由：上帝揭示了其存在，同时也隐藏了他的身份，而这个宣告的第一个词'èhyèh'取代了摩西原本期待的关于真正圣名的专有名词，在摩西对以色列人

[①] 弗兰克·米凯利：《出埃及记》，巴黎：德拉肖与涅斯特尔出版社、纳沙泰尔出版社，1974年，第51页。
[②] 阿尔贝·卡科（1881—1976），法国工程师，法国科学院院士，他荣获了"1914—1918年十字勋章"等荣誉。——译者注

所说的话中成为上帝的化名"[1]。

拉康以自己的观点发展了这句神的回答的译法，这值得我们沿着他的思路挖掘下去。他一开始使用天主教的方式将之翻译成"我就是我（je suis qui je suis）"，接下来却批评了这种译法，从此不再提及。并且从其研讨班"精神分析的伦理"（1960）起，开始坚持使用"我就是那个我（je suis ce que je suis）"的译法。尽管有所变化，但他的观点一直延续，并且越来越鲜明。

拉康在研讨班"精神病"中，一开始就背弃了宗教诠释的"我是那个存在（je suis celui qui suis）"，而转向存在的意义。他宣布自己就是存在，并且声明一种"与总是避开他者的'我'相连的"无神论立场。[2] 从"我"的立场对我是那个存在的"存在"提出质询："我说我就是那个存在，这个我，绝对是唯一的，而且从根本上支撑了呼唤的你"，并且"另一个宣称我就是那个存在的人，通过这个唯一的事实，成为一个具有超越性的上帝，一个隐藏起来的上帝，一个总是将面容遮起来的上帝"[3]。拉康用"我之存在"的问题取代了上帝的存在。

拉康在研讨班"客体关系"中，宣布这句话中的大他者就是象征界的父亲："唯一可以完全在父亲立场上做出回应的人，

---

[1] 阿尔贝·卡科：《有关〈圣经〉的半句诗句之谜》，摘自《上帝与存在》，巴黎：奥古斯丁研究所出版，1978年，第24页。
[2] 拉康：《精神病》，巴黎：门槛出版社，1981年，第324页。
[3] 同上。

就是象征界的父亲，他可以像一神教的上帝那样说：'我就是那个存在。'但是，我们在这些圣典中发现的这句话，不是任何人都能一字一句地宣读出来的。"①与想象界的父亲和实在界的父亲不同的是，象征界的父亲是不可想象、无迹可寻的。这就是弗洛伊德要创造《图腾与禁忌》神话的原因："为了解释他学说中的空白，即父亲在哪里？"②神话是一种"具有不可能性的形式，甚至是不可想象的分类，是唯一永垂不朽的原始父亲，其特点就是他将被杀死"，根据词源学tutare（杀死），也有"保存"的意思。

在研讨班"精神分析的伦理"中，拉康采用了译文"我就是那个我"，自此之后，他沿用了研讨班"精神病"中的思路，即这句话表达了"一个在本质上隐藏起来的上帝"。③对拉康而言，这种翻译上的变化解决了上帝本体论的文本问题。此翻译突出了上帝"拒绝回答"摩西的意思，但也许他事先并没有意识到该选择带来的结果，也就是其思考仍然过度依赖于存在。还有一个事实，那就是拉康在任何时候都没有试图将耶和华的这句话与意义相对照，他实际上根本没有试图将上帝和存在等同起来，这一点将在后面得到证实。在米凯利区分的关于翻译的两种观点中，拉康明确的选择不仅仅是寻求与上帝的圣名建

---

① 拉康：《客体关系》，巴黎：门槛出版社，1994年，第210页。
② 同上。
③ 拉康：《精神分析的伦理》，巴黎：门槛出版社，1986年，第204页。

立一种联系，而是选择上帝拒绝此问题时所持的观点。

在研讨班"精神分析的目标"中，拉康将上帝此处的拒绝与被划了一杠的大他者（A̸）等同起来："'我就是那个我'意味着在这个被指定的'我是'和即将成为的'我是'之间，你对我的真相一无所知。这句话中'那个'的难以理解性和持续存在的特点仍然让人捉摸不透。我在大写 A 上面划了一杠［……］大他者知道他什么也不知道。"① 1968 年，拉康更加直言不讳地表达了他理解的"我就是那个我"中拒绝的"价值"："我认为有必要理解'我就是那个我'。实际上，这就像打在脸上的拳头一样有价值。假如你们问我的名字，我回答'我就是那个我'。犹太人一直就是这样做的。"② 正如在研讨班"精神病"中，拉康指出这句话包含了一个关于"我"的真理，那就是真理在讲是"我"。他对译文进行了修改，并提出："我就是那个我"或"我就是那个独特的我"，意味着这句话表达的正是："由于真理自说自话，于是这个我恰当地赋予了真理一种基础。"③

拉康在研究上帝的圣名中，打断了存在与上帝之名所有神秘的通道。与此相应的是，他在上帝之名被质疑的地方，将这种拒绝的言语作为真理之言，这使上帝回答的核心意义成为一

---

① 拉康：《精神分析的目标》，1966 年 2 月 9 日研讨班记录稿，未出版。
② 拉康：《从大他者到小他者》，1968 年 12 月 4 日研讨班记录稿，未出版。
③ 拉康：《从大他者到小他者》，1968 年 12 月 11 日研讨班记录稿，未出版。

种虚无、一个障碍。首先，拉康的无神论发展了拉伯雷[1]的怀疑主义（即使吕西安·费夫尔[2]认为这种怀疑主义带有宗教色彩[3]），其小说人物巴汝奇在寻找神瓶上的寓言"酒中自有真理！"的过程中，听到了"木头"这个词！[4]

大他者或象征界的父亲由此占据了上帝的位置。上帝对摩西的回答是主体从大他者或象征界的父亲那里获得的回答典范。这种拒绝回答，既是拒绝对某人作出回应，也是拒绝作为一个特定主体去回应某人。这个回答无法被主体言说出来，因为象征界的父亲揭示的正是大他者不存在的形式，拉康将其写作 $\cancel{A}$。但是，如果我们信仰大他者的话，他就有了一具身体。[5]大他者说出真理，是关于我的真理，他拒绝说出自己的名字，因此我讲的就是我的真理，"我"讲话的地方就是"他"存在的地方。但是，"我"的真理仍然与"他"的知识是分开的。

那么，我们就能更好地理解拉康在1975年的论证，该论证表明我就是那个我的论述是一个洞："我们必须理解的是，（乱伦的）禁令是由象征界的洞组成的。在此论证过程中，象征界

---

[1] 拉伯雷（1493—1553），法国一位北方文艺复兴时代的伟大作家，也是人文主义的代表人物之一，代表作《巨人传》。——译者注
[2] 吕西安·费夫尔（1878—1956），法国历史学家，与马克·布洛克皆为年鉴学派的创始人。——译者注
[3] 吕西安·费夫尔：《十六世纪的无宗教信仰问题》，巴黎：阿尔宾·米歇尔出版社，1968年。
[4] 拉伯雷：《巨人传》，摘自《拉伯雷小说全集》第五本，巴黎：门槛出版社，1973年，第907页。
[5] 拉康：《精神分析的反面》，巴黎：门槛出版社，第74—75页："什么东西不存在，但却有一具身体？回答：大他者。如果你们相信这个大他者，它就有一具身体，那个说'我就是那个我'的人的实体是不可消除的，这完全是另一种重言形式。"

雅克·拉康的"父姓"——标点与问题
Les noms du père chez Jacques Lacan
Ponctuations et problématiques

使个体化在波罗米结中呈现出来,我并没有将之称为俄狄浦斯情结。此情结并非如此复杂,因此我将它称为父姓,但这并不意味着父亲就是一个名字。父亲的名字本身毫无意义,父姓首先是有命名功能的父亲。但是,我们不能说犹太人在这方面就是异教徒!犹太人向我们解释得很清楚,他们将其所谓的父亲扔到一个洞中,我们甚至无法想象:'我就是那个我'是一个洞,不是吗?从那里开始,我的图示表现为一个正在旋转的洞,更确切地说,是一个正在吞食的洞,通过一个反向的运动,是否在某些时刻会吐出什么东西?当然,它会吐出一个姓,作为姓的父亲。"[1]

将"我就是那个我"作为上帝拒绝回答的表示,拉康认为这句话在父姓的水平上构成了一个象征界($\cancel{A}$)的洞,并且父亲作为姓从中被吐出来。父姓的两种意义对应于旋涡吞吐的意义:被命名的事物及其名称将事物本身吞没于象征界的旋涡中,而作为姓的父亲则会在某些时刻被旋涡吐出来。

在研讨班"精神分析的重要问题"中,拉康已经将姓的问题放置在洞的水平上了。以父姓的专有名词为例,它在某种程度上是不可替代的,但却可以缺失,这使人联想到这个洞:"此专有名词被赋予了一种特殊性,正是在此意义上,它是不可替代的,但是在语言中却可以缺少这个专有名词,也就是说,在

---

[1] 拉康:《RSI》,1975年4月15日研讨班记录稿,未出版。

缺失的水平上引入一个洞的概念。"①

然而，直到发现了波罗米结，拉康才找到了使用洞的逻辑方式。父姓和波罗米结的问题在研讨班"RSI"中再次被提出，随着作为姓的父亲和能够命名的父亲被加以区分，我们是否可以认为：波罗米结和它形成的"不可破坏"的洞启发了拉康关于父姓概念的构建？换种说法，拉康是否认为波罗米结发挥了父姓的功能？当然，即使答案是肯定的，也并不意味着所有人都是相同的情况。

姓之姓的姓的同音异义

现在我们是否能够更好地理解"姓之姓的姓"这种表述了呢？

这种表述强调并聚焦于命名的功能，由此带来的问题就是：父姓是如何被引入其中的呢？这个问题还构建了命名事件的一种秩序，而在某种意义上，拉康认为"只有言说才会有事件"②，将言说（dire）与任意一句言语（parole）区分开的正是"事件只会在象征界的秩序中产生"。我们还可以参考阿兰·巴迪欧③关于"事件"这一词的使用：事件是确定的，并且它是

---

① 拉康：《精神分析的重要问题》，1965年1月6日研讨班记录稿，未出版。
② 拉康：《智者迷失》，1973年12月18日和1974年1月15日研讨班记录稿，未出版。
③ 阿兰·巴迪欧（1937—），法国哲学家，欧洲研究院教授，前巴黎高等师范学校哲学系主任，大陆哲学部分反后现代主义的重要人物之一。——译者注

情境的一种补充。也就是说，那个已在之物应该衍生出相关要素，它迫使我们选择一种新的存在方式。此外，它还命名了空无的状态或对先前情境的未知，这就是在其自我构建时围绕的内核。在巴迪欧看来，事件是真理的三个维度（结果、忠诚、真理）之一，作为伦理（éthique）的对立面，恶（Mal）拥有三种名称：空名或恐惧、背叛、灾难。[1]"事件哲学[2]（philosophie de l'événement）"是阿尔都塞所说的"相遇的唯物主义"的一部分，这种说法可以追溯到伊壁鸠鲁。"必须有某种东西迫使人们去思考，在探索中产生怀疑，得到训练。与其说这是一种自然倾向，不如说这是一种意外的、偶然的激励，它带来一种相遇的结果。"[3] 以上就是姓之姓的姓的第一种意义。

然而，这种表述不仅仅表明父姓具有命名功能，还说明了这一事件是通过使姓增至原来的三倍，成为三个姓，而不是两个或四个来进行的。姓的数量仅限于三个。

此外，这三个姓并不是并列的，而是同时既紧密联系又相互独立的。姓之姓的姓提出了一种父姓的单数形式的三重结构。

由此，"三"的限定立即摆脱了姓的概念，而是去追随由德勒兹提出的一种假定的无限回归的概念："由于我们总是可以利用一种指明事态的命题产生的意义去指定另一个命题，那么如

---

[1] 阿兰·巴迪欧：《伦理》，巴黎：阿提耶出版社，1993年，第38页、第60页及之后。
[2] 此翻译参考自维基百科。——译者注
[3] 祖拉比奇维利：《德勒兹，事件哲学》，巴黎：PUF出版社，1994年，第22页。

果我们同意将命题视作一个名字，则任何一个指定对象的名字本身似乎都可以成为一个拥有新名字的对象，这个新名字又同时指示出它的意义：n1 给定返回到 n2，n2 表示 n1 的意义，n2 又表示 n3 的意义等。"① 并且，"我们可以满足于两个术语交替的回归：表示某物的名字，和表示第一个名字意义的名字。这两种术语的回归是无限增殖的最低条件"。② 姓之姓的姓的三重性则构成了阻止无限回归的原则，因为在其共时性中最低条件是"三"。

但是，为什么是"三"，它代表什么？如果我们用示意图表示的话，则会发现这三个姓涉及拉康强调的三种领域。首先是"姓的父亲"，即命名的父亲。其次是以"我就是那个我"的方式回答问题的父亲。最后是被母亲命名的父亲，他在父性隐喻中占有一席之地。姓之姓的姓表达了这三种领域之间错杂和协作的关系。这里的姓就是根据母亲命名做出的回答，而不是对父姓的认同。

父姓是三元结构的一部分，还有着各种不同的观点或表象，因而区分这三个领域并不总是那么容易。让我们举几个例子来

---

① 德勒兹在《差异与重复》中提出的"假定的无限回归"的概念，指向一种动态的、去中心化的意义生成机制。$n_1 \to n_2 \to n_3 \cdots$ 的链条并非简单的线性递推，而是一个去中心化的差异网络。每个节点的意义既不内在于自身，也不由外部权威赋予，而是通过差异的无限运动被持续重构。这正是德勒兹哲学的核心：世界是差异的游戏，意义是生成的旋涡。——译者注

② 德勒兹：《意义的逻辑》，巴黎：午夜出版社，1969 年，第 41—43 页。

说明这种情况是如何发生的。首先，成为父亲这一事件本身就意味着主体必须同时命名、被命名和回答自己的姓名。其次，这个事件使主体面对三代人，此时原先父亲的儿子成为了儿子的父亲，原先父亲的女儿成为了孩子父亲的妻子。命名的三种领域的共时性重叠在三代人的历时性（非同步性）之上。父姓超越了时间的铭刻，为主体的时间定位展现出能指的决定性特征。也许正是因为时间齿轮的价值（在共时性和历时性之间），论证了我们很久之前就指出的父姓，我们因此必须统计三代人来解释精神病的因果关系。

上帝之名难道不是也要服从于三元结构吗？Adonaï（上帝在其他时候的俗称）不就是上帝的圣名耶和华（YHVH）吗？"耶和华"由此被命名，这就是姓（之姓的姓）。从那时起，其名字不可读的特性不正是我们将它归因于这三重性的原因吗？耶和华的拼写固定了这种不可读性，使之成为洞（"不"，拒绝回答）的一种隐喻。而将这一拼写纳入扁平的波罗米结中，难道不是固定了姓之姓的姓的这种洞的价值吗？

上帝拒绝向摩西说出自己的名字，这就是在说"不"，因而这个"不"同时也是由上帝之名作为支撑的另一种方式。"名字（nom）"与"不（non）"在法语中是同音异义的，据此拉康将他在1973年至1974年的研讨班命名为"智者迷失"。在这次研讨班中，他借鉴了这组同音异义词："在母亲传递的言说中，母亲被弱化了，而（父亲）的姓则通过这个'不'被表达了出来，恰恰是父亲说的这个'不'将我们引入到了否定的基础上。"①拉康说，父姓（Les noms du père）与智者迷失（Les non dupes errent）并没有相同的意义，但却具有相同的发音规则（知识），这就是他认识并承认的谜语。② 这也是我们从姓之姓的姓中理解的同音异义的原则。

如果我们遵循阿甘本的观点，同音异义可以被理解为与语言中的每一个术语都相关的特性。"事实上，按照定义来说，所有术语都指其外延的任一元素或总和，并因此而能够自我指涉（autoréférence）。我们可以说，所有（或几乎所有）词语都能被呈现为这种悖论，因为这些词语本身同时既是／也不是其所表示的元素的分类。与此相反的是，我们在任何情况下都不会使用'鞋'这一术语来指称一双鞋，这毫无价值。在这里，一种不充分的自我指涉妨碍了我们理解该问题的症结：'鞋'这个词在听觉或文字中的一致性并不存在任何问题（中世纪的逻辑学家们的实质指谓'suppositio materialis'），而意指鞋的'鞋'这个物体（或者说，从客体角度来说，术语'鞋'指涉的是作为存在之物的鞋）则不然。即使我们完美地区分了物体'鞋'和术语'鞋'，但是要区分被称为（鞋）的物质存在，与术语'鞋'在语言中的存在，还是要困难许多。被指称的存在（L'être-dit）和语言中的存在（l'être-dans-le-langage）是具有某

---

① 拉康：《智者迷失》，1974年3月19日研讨班记录稿，未出版。
② 拉康：《智者迷失》，1973年11月13日研讨班记录稿，未出版。

雅克·拉康的"父姓"——标点与问题
Les noms du père chez Jacques Lacan
Ponctuations et problématiques

种非谓项的属性，这种属性属于某一分类中的每一个元素，同时也体现在分类集合上。"阿甘本总结道："那个始终无名的，就是被命名的存在，也是那个名字本身（nomen innominabile）。而它只有在语言中存在，才能削弱语言的权威性。根据柏拉图的套套逻辑（tautologie），同音异义依然未被完全理解：物的观念才是物本身，而名字，作为以之为名的物的名字，只能被看作它所命名的物。"①

作为姓的父亲本身却没有一个姓，因此他需要一个姓之姓的姓。父亲作为一种事物，是否与被指称的父亲之间存在区别？被指称的父亲是一个被命名为此的事物，作为父亲这一事物是否已经在母亲的言语中拥有一席之地了？在语言中，父亲这个专有名词不是已经是姓之姓了吗？正如我们所见，这不是指向父的姓的名称问题，而是指向父姓存在的问题。另一种姓的症状是隐秘的，对于任何一个主体来说，它体现为一个能指，也就是姓之姓的姓。对于该主体而言，姓之姓的姓所言之物以专有名词结对的方式，编织出一种由能指组织起来的症状之名，并在主体的欲望中将父亲的姓与父姓的存在连接在一起。

在父姓形成的姓之姓的姓的这种连接方式中，② 一个专有名词并没有与它的所指或其存在联系在一起，而是与承载着主体

---

① 阿甘本：《来临中的共通体》，由玛丽琳·拉伊奥拉翻译自意大利语，巴黎：门槛出版社，1990年，第71—79页。
② 拉康：《精神病》，巴黎：门槛出版社，1981年，第359页：拉康说："父姓就是维系一切的环。"

的父亲身份的欲望相关的能指联系在一起。这种联系既存在于主体三代传承的代际关系中，也存在于其欲望和症状的专有名词的表达方式中。

1975年，拉康将姓之姓的姓限定为三个"姓"，本质上是为了提出波罗米结的概念。为了思考父姓的抛入式存在，我们已经引入了三重性，这种三重性与波罗米结的平面有直接的相关性。我们可以说，关于姓之姓的姓的三个"姓"的限定原则取决于父姓与波罗米结的衔接。

波罗米结始于"三个圆环"，这三个部分代表了实在。[①]诚然，我们可以赋予这三个圆环一种实在界、象征界、想象界的意义，从而使父亲有了三个姓。在这个扭结中，三个圆环完全等同，每一个圆环都可以被另一个取代，所有圆环都具有抛入式存在、一致性及洞的特性。但是从第四个圆环开始，环与环之间的等同性就会消失，我们才能根据成对的组合来区分实在界、象征界和想象界。"我想完成的工作是最终等到第四个圆环的到来，提出这些基本的真理，如果没有第四个圆环，就无法真正揭示波罗米结的本质。"[②]

拉康将父姓等同于第四个圆环。因此，第四个圆环就是姓之姓的姓，因为正是从它的出现开始，将自身的某个部分融入命名中，我们才得以区分实在界、象征界和想象界。我们利用

---

① 拉康：《智者迷失》，1974年1月15日研讨班记录稿，未出版。
② 拉康：《RSI》，1975年5月13日研讨班记录稿，未出版。

另加(en-plus)的这个圆环,即在它作为"姓之姓的姓"的意义上,阐明想象界的实在界的象征界(un symbolique du réel de l'imaginaire),象征界的实在界的想象界(un imaginaire du réel du symbolique)……父姓是"多合一(l'un-en-plus)"个圆环,它为实在界、象征界、想象界做出了区分。第四个圆环是父姓,意味着作为姓的父亲本身也是一个难以形容的姓,在圆环的旋涡中吐出了实在界、象征界、想象界的父姓。

被假设应知的主体的父姓

被假设应知的主体的父姓

我们提议将"被假设应知的主体的父姓"纳入拉康的"被假设应知的主体"和"父姓"的衔接框架中,尽管拉康从未明确地解释过这种衔接,但我们还是将它作为本章的标题,因为它可以为解读拉康的作品提供灵感,并且似乎也有助于我们对分析家在临床中所处的位置进行相关研究。此外,我们还提出了一个假设:"被假设应知的主体的父姓"作为一个嵌合体,曾经是弗洛伊德和弗利斯[1]关系的遗留物。对于弗洛伊德而言,弗利斯代表了"被假设应知的主体的父姓"的形象,在弗洛伊德的眼中,这一形象是科学理想的代表,并且被他无心地传入到了精神分析中。[2]

这两个术语的衔接表达了两种观点的相互交叉,表明我们可以将一个术语纳入另一个术语中,或者可以用一个术语替换另一个。这两个术语具有复杂的合—分作用的性质,因为它们之间的对比和交叉也是一种确定它们之间差异的方式。

---

[1] 弗利斯(1858—1928),德国耳鼻喉科医生,是弗洛伊德重要好友之一。——译者注
[2] 埃里克·波尔热:《弗洛伊德,弗利斯:神话与自我分析的空想》,巴黎:人类学出版社,1996年。

雅克·拉康的"父姓"——标点与问题
Les noms du père chez Jacques Lacan
Ponctuations et problématiques

拉康的"父姓"与"被假设应知的主体"之间的共振

通过研究这两个术语在拉康某一时间段内的教学演变，我们注意到了一种时间上的巧合，这证明了"被假设应知的主体"与"父姓"之间存在一种关系。当拉康从1963年到1969年停止谈论父姓时，他便开始提及影响着转移现象的"被假设应知的主体"。在1969年的研讨班"从大他者到小他者"中，他再次谈到"父姓"的同时，也着手进行一个关于命名的概念研究，因此"被假设应知的主体"这一问题绕了一个大圈子。这两个术语的演变过程，显示出"被假设应知的主体"的概念形成了一个理论的先决条件，从而准确地建立了"父姓"的位置。其实，拉康在研讨班"无意识地构成"中早已指明了主体就是这种先决条件。拉康在1963年遭遇了不幸经历之后的教学工作表明，事实上他并不希望直面"父姓"问题，而倾向于间接地使用其他概念或有所保留地讨论这个问题。

在许多方面，"被假设应知的主体"和"父姓"是相互对立的。与父姓不同的是，被假设应知的主体并没有被性化。父性隐喻其实是通过语言形成了阳具的意义。[1]

$$\frac{父姓}{母亲的欲望} \cdot \frac{母亲的欲望}{主体的所指} \rightarrow 父姓 \left(\frac{A}{阳具}\right)$$

然而，拉康的这一公式已经在父姓和阳具之间进行了区分。

---

[1] 拉康：《书写》，巴黎：门槛出版社，1966年，第557页。

阳具并不是父姓的所指，而是父姓的一个能指，这个能指又指示了另外一个能指。1971年，当他将不会言说的阳具（"如果阳具确实有某种特性的话，[……] 那肯定是无论在任何情况下，阳具都不会言说"）与父姓进行对比时，强调了两者之间的区分："为父亲命名的那个人，正是父姓。如果因为这个姓，父亲就拥有一种效力，那恰恰是因为某人站出来给予了回应。"① 此外，在性化的公式中，阳具本身就是一个实例。弗洛伊德并没有在意这些区分，也没有对父亲作为阳具自然的承载者提出质疑。而拉康进行的区分，在一定程度上将父姓从阳具中解放出来。在拉康看来，这种区分清楚地表明了一种"自然"法则的解放，因为父亲是阳具的承载者，但也是"非自然"运作的终结者。从阳具方面来看，父姓的升华是相对的，这种理解有助于更接近被假设应知的主体的问题。

另外一个类似但有区别的观点是：父姓促进了知识的获得。父姓与孕育、生育的功能相关，可以作为与主观现实的某些知识相关的不可或缺的能指："当然，成为父亲完全不需要一个能指，就像死亡一样。但假如没有能指，就没有人知道这个人存在过的状态。"② 被假设应知的主体在这里发挥了作用，虽然在理论上只是前进了一小步。

但是，被假设应知的主体并没有停留在与父姓的粘连上，

---

① 拉康：《一个不是假装的辞说》，1971年6月19日研讨班记录稿，未出版。
② 拉康：《书写》，巴黎：门槛出版社，1966年，第556页。

雅克·拉康的"父姓"——标点与问题
Les noms du père chez Jacques Lacan
Ponctuations et problématiques

因为它的功能是质询所有知识,引导主体对已经存在的知识产生疑问。然而,关于父姓的知识早已不在其中了,因为父姓的知识一旦受到质疑,其命名功能,即来自父亲的命名就会出现。这与被假设应知的主体的领域完全不同,被假设应知的主体并不表示某个会说话的人。正如拉康所言,被假设应知的主体是无法被命名的,因为它可以表示任何主体。① 命名将父姓和被假设应知的主体做了区分。

在研究父姓之前,必须先定义主体,这样做是为了不遗漏主体的问题。主体被分化并被指代,从而作为"一"存在,但这却扭曲了主体定义的意义,因为主体在本质上就"缺少一"。拓扑学的客体,比如环状、克莱因瓶,使我们能够使用普通语言无法实现的严谨性来定位主体,因为主体的本体化(ontification)被束缚在普通语言中:"每当我们谈论某个被称为主体的个体时,我们就会把它说成'一'。不过,我们必须看到,这个'一'缺少一个特指的人。哪些名词可以起到这样的作用呢?是谁让这个'一'发挥功能的?肯定有几个〔……〕非常不同的名词,例如客体a,类似的专有名词都具有基本相同的功能。"②

在主体和假设之间有一部分是同义叠用的,③ 因为主体在假

---

① 拉康:《解散》,1980年4月15日,摘自《奥尼克杂志》第22/23期,巴黎:利兹出版社,1981年。
② 拉康:《精神分析的目标》,1965年12月15日研讨班记录稿,未出版。
③ 拉康,"主体永远只能是一个假设:hypokeimenon",摘自研讨班"……或更糟",1972年5月10日研讨班记录稿,未出版。

设，被假设应知的主体就应包含主体的问题。但这种假设不正是父亲的特点吗？如果父亲不曾是未确定（incertus）[①]的，那就没有这种能指的功能了吗？恰恰不是。我们不应将被假设的主体与未确定的父亲、假设和不肯定相混淆。分析结束意味着被假设应知的主体放弃等待，而非放弃父亲。逻辑时间的结论等同于取消知识与确定性的假设。[②]

现在让我们简单谈一下，在逻辑时间中被假设应知的主体呈现的方式。

首先必须区分被假设应知的主体和已知的主体（sujet sachant）之间的角色。例如，监狱长传唤三个囚犯，令他们互相猜测对方背后的圆圈颜色（三白二黑共五张卡片），猜对者可以获得自由。这里的监狱长就不仅仅是一个被假设应知的主体，他还是一个已知的主体，因为他知道他在每个囚犯背后画的圆圈颜色，他知道谜底。

而假设知道则在囚犯们的假想层面上进行运作。每个囚犯都假设自己是黑色的，在此基础上，如果其他人所见也是黑色，那么他们就会很快猜出自己的颜色。因此，假设知道便体现为一种假设黑色的形式（这意味着在被假设应知的主体内部，有

[①] 拉康：《精神分析的伦理》，巴黎：门槛出版社，1986年，第171页："弗洛伊德告诉我们，只有当我们明白永远无法确定父亲的功能时，才会在精神上有一个真正的进步。"
[②] 参见埃里克·波尔热《客体a的群组，客体h(a)té，沉默》，摘自《当代弗洛伊德维度》，1993年，巴黎，第28—30页，以及《拉康的三种逻辑时间》，图卢兹：纪元出版社，EPEL出版社再版，1989年。

一种从属于客体a之凝视的行动），在本质上，这种形式与谎言的展开有关联。

这种假设的知识本身就在知识的有效性和确定性的两极之间延伸。知识的有效性是指每一个囚犯都能看到其他人身上圆圈的颜色及颜色组合。正是由此出发，囚犯们开始猜测其他人所见自己背上圆圈的颜色。主体最终得出的是一种预先提出的确定性，即一种从知识中产生行动的预期确定性，旨在通过两种分析在事后得出验证。这种确定性在逻辑上和陈述上有别于知识，即符合其他人看到的现实这一知识。他人眼中的主体与主体确认的内容之间存在差异，也即这些主体的陈述是"白色"的，甚至在两极的情境中也是如此。① 事后对确定性的验证，与其说是对客观知识确认的验证，不如说是对确认本身的预期真实性的验证。

如果被假设应知的主体是无效的，那么并不是因为所有假设的知识必然具有弱点，可被质疑，且具有知识的不确定性，相反，是因为主体在知道自己是白色和验证白色的预期确定性之间存在一种差距。抛弃被假设应知的主体，就是以谎言的方式朝着确定性迈出脚步，也就是说，要与关于知识的预期陈述相联系。

笛卡尔恰恰取消了确定性和知识之间的差距，从而没有将

---

① 在此情境中，我们可以将三个囚犯视作一个主体，如果同一主体重复说出3次"白色"，那么谎言就得到了验证。

"我思"视作一个简单的衰落点,拉康认为这是一个"错误"。①

在"知道、看到颜色和说出颜色"之间存在着偏差,其中隐藏了一种凝视的原动力,拉康通过将凝视指定为客体 a 的候选,使假设知道的客体在逻辑时间中变得无效。

拉康认为,父姓和被假设应知的主体的共振,在上帝与专有名词这两种范畴中变得更加紧密。

拉康偶尔会将上帝归诸为被假设应知的主体和父姓。他对父姓与被假设应知的主体的区分,重复了帕斯卡确立的亚伯拉罕、以撒和雅各布以及哲学家们的上帝之基础性的区别。在同一个主体身上,上帝的两个版本绝非不能相容。在同一时期,拉康从一个版本过渡到另一个版本:"为了可以称呼被假设应知的主体,也即上帝本身,帕斯卡给予了上帝一个姓……"然后再往下几行,他又写道:"天父的位置,就是我指定的父姓,我打算在我举办的第十三个年头的研讨班中对此概念进行说明……"②

关于专有名词,拉康在1965年对(弗洛伊德)遗忘西格诺雷利之名③的分析中引入了新的视角,他将专有名词的问题与

---

① 拉康:《精神分析的四个基础概念》,巴黎:门槛出版社,1973年,第204页:"当笛卡尔开创确定性的概念时,他将确定性完全纳入到思考的'我思'中,这标志着'我思'在知识的湮灭和怀疑论之间存在一个未知点,而知识的湮灭和怀疑论并不相同。我们可以说,笛卡尔的错误在于,他认为这就是知识,并认为他知道某种东西的确定性,而并没有将'我思'视作一个简单的衰落点。"
② 拉康:《被假设应知的主体的忽视》,摘自《西利色》第1期,巴黎:门槛出版社,1968年,第39页。
③ 拉康:《精神分析的重要问题》,未出版;参见本书第4章。

235

雅克·拉康的"父姓"——标点与问题
Les noms du père chez Jacques Lacan
Ponctuations et problématiques

父姓的问题进行了比较,① 从而转向了被假设应知的主体这一概念。以上就是我们在1967年,在诠释转移公式时发现的内容。②

在以下公式中,转移的能指表示为"S"。

$$\frac{S}{s(S', S'', \ldots)} \to Sq$$

"S"可被命名为一个专有名词:"精神分析家"。在分析的最后,相对于他者们,"精神分析家"占据"S"的位置,准备好将"他自己和他的姓名"简化为任意一种能指"Sq",旨在酬报欲望的价值。在拉康看来,如果没有将克莱因瓶上的孔洞与专有名词、主体与大他者的扭结调整位置,那么专有名词在理论上就是不可想象的。(弗洛伊德对)西格诺雷利之名的遗忘揭露出来的,正是专有名词形成了一种假性缝合的现象。我们因此注意到,在《1967年的初步提案》一文中,拉康感兴趣的是将专有名词转换成"被假设应知的主体",而非"父姓"。此外,在1963年到1969年之间,他还是"保留"了关于父姓的观点。

拉康关于被假设应知的主体和父姓之间共振的论述,使我们最终可以假设,正是这种共振,使拉康在其文章《科学与真理》③中重新将父姓引入了科学体系。

---

① 1976年,拉康在"圣状"研讨班中关于乔伊斯的讨论,未出版。
② 拉康:《1967年10月9日提案》,摘自《西利色》第1期,巴黎:门槛出版社,1968年,第19页和第25页。
③ 拉康:《科学与真理》,摘自《书写》,巴黎:门槛出版社,1966年,第874—875页。此文章源自拉康在1965年12月1日举行的研讨班"精神分析的目标"记录稿,未出版。

在这篇文章中，拉康认为科学的丰硕成果来源于那些科学家并不想了解的作为动因的真理，即讲话的人的真理和重构主体的动因，因为主体并非自身的动因，主体是为了呈现另一个能指而取代了一个能指。此外，拉康明确地说："在科学中，作为动因的真理的结合，在形式动因的角度下才能得到承认。"[1]

由于无法承认作为动因的真理，科学只保留了作为形式动因[2]的真理，从而忽视了精神分析支持的材料动因（能指）。下面我们借用格奥尔格·康托尔[3]的观点进行说明。

在科学中，作为动因的真理被放弃了，这与偏执狂中父姓的丧失很相似。如果将精神分析视作一门科学，那么它就是一门具有偏执狂性质的成功科学，但它又是如何将父姓重新纳入科学体系中，我们又该如何协调此观点呢？如果精神分析可以变成一门科学，则意味着作为动因的真理被放弃了，那么为何又同时重新纳入父姓这一概念呢？这是否意味着精神分析将永远不会成为一门科学？还是说它就是一门具有偏执狂性质的科学？拉康这样回答："我们感觉到正在从这种僵局中获得进展，我们可以在某个部分中观察到一个形成阻塞的交错配列法正在得到解决。"[4]但他并没有解释如何得到解决，依然停留在一种

---

[1] 拉康：《科学与真理》，摘自《书写》，巴黎：门槛出版社，1966年，第875页。
[2] 在这一点上，拉康表明自己是亚里士多德主义者。形式动因是物的逻各斯，是物的本质，也是物的内在观念。形式动因是三段论中间项的动因，是三段论的枢纽。
[3] 格奥尔格·康托尔（1845—1918），德国数学家，创立了现代集合论。——译者注
[4] 拉康：《科学与真理》，摘自《书写》，巴黎：门槛出版社，1966年，第875页。

雅克·拉康的"父姓"——标点与问题
Les noms du père chez Jacques Lacan
Ponctuations et problématiques

感觉之上。

在此，我们既不会作出回应，也不会就精神分析的科学性展开争论，而是要先提出一种观点，为该争论提供一个开场白。

争论的焦点不只是将父姓再次引入普遍性的辞说中，还有如何将它纳入科学体系中的问题。然而，如果科学的特点是放弃了作为动因的真理，那么又如何将父姓重新纳入科学体系中呢？但这一难题并不意味着拉康从一开始就不能将父姓重新引入科学体系中，但却使父姓的概念如同1963年那样没有被理解。如果按照拉康的说法，似乎这种引入的条件是，在作为动因的真理的明确观点中，不要放弃父姓，也就是说，要保留作为材料动因（能指）的父姓的真理。

可是笛卡尔认为作为动因的真理，在原则上是止赎[①]的结果，它将永恒真理的保证权交给了上帝——这个被假设应知的主体手中，使得科学能够作为知识的积累而快速发展。因此我们认为，取消作为动因的父姓的真理代表，即表示父姓不能取代被假设应知的主体的位置。此外，它应与被假设应知的主体维持在一种辩证关系中，允许对被假设应知的主体提出质疑。只有在这种条件下，父姓才能被重新纳入科学体系中，这也是为争论精神分析是否是一门科学奠定的第一块哲学基石。这些理论条文上的区分在1963年时还尚未成熟，但从1969年之后就

---

① 止赎，原词为partage forclusif，直译为取消抵押品赎回权共享。——译者注

不同了。

相反，如果所有被这种辩证关系固定的术语，都可以用其中任何一个术语代替另一个，或抹除这些术语中的一个，还可以将其他术语组合成一个复合术语，那么最终会产生一种病态的结果，甚至会导致偏执狂。

从父姓和被假设应知的主体中衍生出两种混合形态：被假设应知的主体的父姓（le Nom du père sujet supposé savoir）与父姓的被假设应知的主体（sujet supposé savoir le Nom du Père）。前者对应的是立法者父亲，拉康将其描述为拥有毁灭性影响的立法者，①而后者则对应的是知道不可告人秘密的知情人、魔术师、神秘的大师。关于被假设应知的主体的父姓，我们没有将"父"在法语中的字母写作大写形式，因为将"被假设应知的主体"作为形容词而非整个名词的一部分来理解，"父姓"就将失去其"姓之姓的姓"的身份和功能。

鉴于父姓和被假设应知的主体在书写方式上相对应，那么这些术语之间就可以不仅仅只在语义上对照，还能够进行字面上的比较了。在父性隐喻中，父姓被替换为"作为母亲缺席时运行象征性功能的原始之地"。②

此外，在被假设应知的主体中，还存在实现主体的假设（hypokeimenon）的问题。

---

① 拉康：《书写》，巴黎：门槛出版社，1966年，第579页。
② 同上。

$$\frac{父姓}{s(S', S'', \ldots)} \to Sq$$

在以上两种混合形态中,涉及的是不同的公式运作:一种是将父姓放在上面,即父姓替代了原来位置上的S;另一种是将S放在下面,即指假设。不过,从词源学上讲,"替代"和"假设"这两个词的字面意义都是"放置在下面",但它们具有不同的含义。在这种情况下,将一个术语置于另一个术语之上非常重要,而在另一种情况下则恰恰相反。"父姓"和"被假设应知的主体"合成的术语消除了术语本身的影响,并且代表了一种试图抹去上下之间界限的意图。如果我们把每一项都引入另一项公式中,就会得到以上的等式。在被假设应知的主体的父姓中,父姓是转移的能指,它作为另一个能指成为主体的代表。在这种情况下,转移代替了父性功能(fonction paternelle),因而很难想象分析的结局。

与此相对,"父姓的被假设应知的主体"则写作:

$$\frac{假设知道的主体}{母亲的欲望} \cdot \frac{母亲的欲望}{主体的所指(X)} \to S\left(\frac{1}{s}\right)$$

被假设应知的主体在此代替了母亲的欲望。我们在某些人工授精和儿童精神分析的案例中可以观察到此现象。

在其他情况中,被假设应知的主体的父姓的命名功能在其中发挥了作用。

被假设应知的主体的父姓的形态[1]

首先,我们来详细了解一下康托尔的案例。康托尔在他生命的某个阶段患上了妄想症,不幸死在了精神病院里。我们并不是要追溯其疾病的整个历史,而是要重点关注其中的一个方面,这可能会对我们提出的问题有所启发。康托尔的四部著作都是自费出版的,在我们看来,他的这一选择似乎相当合理。其中一本著作是1905年出版的《东方而来的光明》(*Ex Oriente Lux*),康托尔在其中指出,如果我们读过《圣经》,就会知道亚利马太的约瑟显然是耶稣基督的父亲。他在1896年和1897年出版的另外三部作品中证明了弗朗西斯·培根是莎士比亚作品的作者。首先是他本人作序的《弗朗西斯·培根的信仰告白》,另外还有他作引言的《神圣的奎里努斯——弗朗西斯·培根的复活》,其中收录了培根的传记和一位17世纪英国诗人的诗歌,这位数学家认为其中的一首二行诗证明了莎士比亚就是培根。康托尔的第三本出版物是再版的《关于弗朗西斯·培根的三十二首挽歌集:有利于莎士比亚的理论的证词》,其中收录了培根死后,由其秘书威廉·罗利于17世纪收集的同时代人为他撰写的三十二篇挽歌。康托尔认为这些挽歌提供了培根是莎士比亚作品的真正作者的证据,他还写了一篇很长的序言来解释此观点。我们自己也收集了康托尔的这篇文章,并将它们翻译成法语,

---

[1] 弗利斯和卢梭关于其他情况的研究,请参阅埃里克·波尔热《弗洛伊德,弗利斯:神话与自我分析的空想》,巴黎:人类学出版社,1996年。

雅克·拉康的"父姓"——标点与问题
Les noms du père chez Jacques Lacan
Ponctuations et problématiques

推荐大家阅读这部作品。①

我们可以观察到,康托尔的这四部非数学类著作都以父子关系为核心。另外,我们还发现,康托尔在神志不清时,曾认为俄国尼古拉二世和英国的亨利八世等皇室成员的血统都来自自己。

阿尔方斯·阿莱②说:"莎士比亚从未存在过。他所有的剧本都是一个与他同名同姓的无名氏写的。"③康托尔希望以自己的方式避免专有名词带来的假性缝合功能,因而他认为使用笔名会更好。这恰恰证明了拉康对(弗洛伊德)遗忘西格诺雷利之名的分析,即无意识的遗忘揭示了专有名词具有的代替功能,由谵妄制作的姓名则试图进行最后的修补。

但是,康托尔认为维鲁伦勋爵、圣阿尔班子爵弗朗西斯·培根(1561—1626)是莎士比亚(1564—1616)作品的作者,这并不算是一种妄想。正如我们看到的,康托尔为此观念进行辩证的方式才是一种妄想。今天,这种观念已经过时了,但在19世纪末却相当盛行。伊格内修斯·唐纳利④特别推崇培根,因而将莎士比亚的作品当作一种庞大的密码文件阅读,并将其

---

① 康托尔:《培根—莎士比亚理论:学者的激情性悲剧》,由埃里克·波尔热编辑整理,克利希,巴黎:希腊出版社,1996年。
② 阿尔方斯·阿莱(1854—1905),法国作家、记者和幽默学家,讽刺杂志《黑猫》的编辑。——译者注
③ 阿尔方斯·阿莱:《沉思》,巴黎:塞尔日·迷笛出版社,1987年,第23页。
④ 伊格内修斯·唐纳利(1831—1901),美国国会议员,民粹主义作家和边缘科学家。——译者注

作品转化成一些藏头诗和易位构词的游戏。① 到了 20 世纪 40 年代末，反斯特拉福德派②的文章和书籍已经出版了四千多部，据估计，有 60 多人被认为是莎士比亚戏剧的作者。③ 弗洛伊德本人也是莎士比亚戏剧的忠实读者，他对莎士比亚戏剧的所有段落都烂熟于心，并怀疑某位来自（埃文河畔的）斯特拉福德的男人就是创作《哈姆雷特》的作者，只是他并不认为这位作者就是弗朗西斯·培根。1926 年，弗洛伊德在阅读了托马斯·卢尼④的一本书后，就假设莎士比亚是第十七代牛津伯爵爱德华－德－维尔⑤的笔名。弗洛伊德对此深信不疑，他阅读了大量相关书籍，就像之前对摩西的理解一样，他认为摩西是埃及人，而且有两个摩西。弗洛伊德给自己定下的任务是写一本关于莎士比亚身份之谜的书，并认为这将是对精神分析的贡献。

---

① 易位构词的游戏，原文为 anagramme，这个词来源于有"反向"或"再次"的含义的希腊语字根 ana- 和有"书写""写下"意思的词根 grahpein。易位构词是一类文本游戏，是将组成一个词或短语的字母重新排列顺序，原文中所有字母的每次出现都被使用一次，这样构造出另外一些新的词或短句。易位构词通常用一种等式的形式来表示，用等号分开原文和变换后的结果，例如用这种形式表示一个简单的易位变换是："earth=heart"。——译者注
② 反斯特拉福德派，是对赞同"莎士比亚另有其人说"的假说的各种理论的支持者的统称。莎士比亚到底是谁？自 19 世纪初以来，关于莎士比亚的身份一直存在争议。有些人认为，很难相信这位来自埃文河畔的斯特拉福德的投机商能够想象出这些辉煌的戏剧。另一些人则坚信，他们确实是同一个人，莎士比亚商人的财富可能帮助了这位剧作家摆脱了依附权贵的生活。——译者注
③ 参见盖伊《阅读弗洛伊德，探索与娱乐》，摘自《弗洛伊德与来自斯特拉福德的男人》，巴黎：PUF 出版社，第 5—56 页。
④ 托马斯·卢尼（1870—1944），英国学校的一名老师，以创立牛津理论而闻名，该理论声称牛津的第十七代伯爵爱德华－德－维尔才是莎士比亚戏剧的真正作者。——译者注
⑤ 爱德华－德－维尔（1550—1604），伊丽莎白女王朝臣、编剧、抒情诗人、运动家、艺术资助者，被怀疑是莎士比亚艺术作品的代撰人。——译者注

雅克·拉康的"父姓"——标点与问题
Les noms du père chez Jacques Lacan
Ponctuations et problématiques

康托尔对"培根-莎士比亚理论"的兴趣始于1884年,也就是他第一次精神病发作的时候,遗憾的是,我们对此几乎一无所知。从1879年至1883年,康托尔撰写了六篇关于无穷集合的系列文章,包括著名的《一般集合论基础》(1882年出版)[1],其中的数学定义是从哲学和宗教的思想领域中提取出来的。康托尔讨论了自亚里士多德以来关于无穷的哲学思想历史。他谨慎地论证了超限数,并认为超限数超越了无穷(因为无穷之后的第一个数就是超限数),并使无穷现实化(而不只是停留在潜在的无限中,严格来说是"无穷"),但超限数并没有侵犯上帝的领域(上帝是无限的),因而上帝仍然是超越性的。康托尔对此坚信不疑,因为他深信他的理论是由一个拥有"更强大力量"的神传递给他的,他认为自己就是神的使者,从而定义了"无穷"。[2] 这与他坚信这些数字的物理现实性有关:"为了赋予整数以现实性,我们可以研究一个事实,即根据定义,这些整数在我们的理解中占据了一个完全确定的位置,与我们思维的所有其他构成部分完全不同,这些整数与其他构成部分建立了一种被限定的关系,从而以一种确定的方式改变我们思想的实质,请允许我把这种整数的现实类型命名为:主观内现实或内在现

---

[1] 康托尔:《一般集合论基础》,部分译文由米尔纳提供,摘自《分析手册》,第10期,巴黎:门槛出版社,1969年。
[2] 娜塔莉·莎欧:《无限与无意识——关于格奥尔格·康托尔的短评》,巴黎:人类学出版社,1994年,第232页;沃伦·道本:《格奥尔格·康托尔》,普林斯顿(美国):普林斯顿大学出版社,1979年,第290页。

实。然而，为了赋予这些整数一种现实性，我们还需要考虑的事实是，这些数字必须被看作是与智力相对立的外部世界中存在的过程和关系的表达或再现，而且Ⅰ、Ⅱ、Ⅲ等不同类别的数字代表了物质和精神自然中实际存在的力量。我把第二种现实称为整数的跨主体或超验的现实。"① 这种个人信念并不妨碍康托尔寻求社会群体对于这一主题的认可，在此，社会群体指的并不是学者，而是指教会人士。教皇利奥十三世的《通谕》②让天主教徒意识到了这些问题，因此在这一观点上，康托尔获得了罗马的支持。在关注无穷历史的沧桑巨变的过程中，康托尔好像并没有拒绝考虑在他发明的知识中物质（能指）真理的维度。他最终在真理和知识之间保持了一种辩证关系，但之后他被这两者之间的分化淹没了。

康托尔和牛顿一样，在其发明的知识中赋予上帝一种超然的地位。正如科耶夫写道："没有什么能阻止牛顿研究'吸引力'或'万有引力'的定律，以及思考产生物体向心运动的真正力量。"③ 牛顿建立的数学定律并不会被预先认定与物理力学有关："重力是物质与生俱来的固有本质，在我看来非常荒谬的

---

① 康托尔：《一般集合论基础》，部分译文由米尔纳提供，摘自《分析手册》，第10期，巴黎：门槛出版社，1969年，第47页。
② 《通谕》是教皇利奥十三世于1879年8月发布的，副标题为《论以天使博士圣托马斯·阿奎那的精神在天主教学校恢复基督教哲学》。此《通谕》的目的是推动经院哲学的复兴。——译者注
③ 科耶夫：《从封闭的世界到无限的宇宙》，巴黎：伽利玛出版社，1973年，第214页。

245

雅克·拉康的"父姓"——标点与问题
Les noms du père chez Jacques Lacan
Ponctuations et problématiques

是不需要借助其他媒介,一个物体就可以通过虚空远距离地作用于另一个物体,或将这种作用力从一个物体传递到另一个物体。我相信,稍微精通哲学的人都不可能陷入到这种错误中。"[1]此外,牛顿还证实任何"物质和机械媒介"都无法解释相互吸引的原因,因为这属于上帝的范畴:"一种非物质并有生命的精神赋予了死物质形式,并对死物质产生影响,支撑了世界的框架。"[2]从这个角度讲,牛顿区分了形式因(形式)和万有引力的质料因(与上帝相关)。康托尔也是同样的观点,直到有一天,形式因随着无穷集合悖论的出现分崩离析,而质料因(与上帝和语言相关)就此插入到形式因之中。由于数学领域无法再支持这种区分,康托尔试图通过将数学作品(形式因)与宗教文学作品(质料因)分开出版来重新建立一种边界。

1884年,康托尔获得了国际上的认可,但也不乏批评之声。同年5月,39岁的康托尔应法国数学家普恩加莱等人之邀来到巴黎,他的文章于1882年首次被译成法文,并于1883年第一次发表在《数学学报》上。在巴黎度过了愉快的8天之后,由于康托尔的家庭出现了一些不为人知的事件,他不得不匆忙地返回了法兰克福(德国)。也正是在这一时期,他因为精神障碍入院治疗了一个月左右。

康托尔将自己精神衰弱的危机归咎于柏林大学数学教授克

---

[1] 科耶夫:《从封闭的世界到无限的宇宙》,巴黎:伽利玛出版社,1973年,第216页。
[2] 同上,第222页。

罗内克对他的批评，并视之为自己精神障碍发作的原因。但是，如果真要从他的职业生涯中寻找原因的话，似乎更多的是由于他成功地为一种新的数学理论奠定了基础，并获得了认可。"面对他的理论将要获得成功的预兆，他的精神崩溃了。"[1] 另外，康托尔的成功并没有使他更从容地面对克罗内克的批评。对于康托尔来说，克罗内克的指责带有迫害的成分，预示着后来"德国教授们"的谴责，但其精神障碍更多的是与成功的困难有关，与他成为众所周知的成功者有关系。1884年初，康托尔在给一位朋友的信中写道："我只是我作品内容的报告人和代理人。"[2]

从1884年的这次危机开始，康托尔的行为开始发生变化，他的家人也注意到了这一点。他开始迷恋上了教父、共济会和玫瑰十字会的著作，并与梵蒂冈的牧师们通信。也正是从那时起，他在妹妹索菲的鼓励下，开始寻找弗朗西斯·培根是莎士比亚戏剧作者的证据。他学习英国历史，并考虑放弃数学，转学哲学。但他最终没有这样做，而是继续发表他的数学研究成

---

[1] 娜塔莉·莎欧：《无限与无意识——关于格奥尔格·康托尔的短评》，巴黎：人类学出版社，1994年，第199页。沃伦·道本：《格奥尔格·康托尔》，普林斯顿（美国）：普林斯顿大学出版社，1979年，第280页。在此作品中，道本也同样怀疑康托尔在1884年夏天崩溃的原因来自克罗内克的批评。

[2] 娜塔莉·莎欧：《康托尔致米塔-列夫勒》，摘自《无限与无意识——关于格奥尔格·康托尔的短评》，巴黎：人类学出版社，1994年，第232页。

果，尤其是在寻找连续函数[1]的假设论证方面，他毕生都在试图证明这一假设，但没有成功。1891年，康托尔成立了德国数学协会（简称：DMV）。这是他为自己的思想寻求社会共识而不断努力的一种方式。他邀请克罗内克做第一次大会的主持人，目的并不仅仅是为了和解，也为了迫使克罗内克"去掉自己的假面具"。但是克罗内克并没有来，此后不久便去世了。从这一时期开始，伴随着康托尔在数学领域的出版物的问世，这位数学家常常有一种迫害感。他的著作包括：1891年，用对角线证明了不可数的无穷级数的存在，其编号为：aleph 1，幂次大于aleph 0，即无穷整数集。[2] 在1895年至1897年之间，康托尔撰写了构成《超穷数理论基础》的两篇重要文章。[3] 与他在1882年出版的《一般集合论基础》不同，《超穷数理论基础》的两篇重要文章属于纯粹数学的领域，除了题铭以外，并不包含哲学

---

[1] 连续函数指的是这样一个事实，即有数集（不可数集）的无穷级数大于整数集（第一个无穷级数和可数集）的无穷级数，因此在有数集和整数集的无穷级数之间没有中间的无穷级数。康托尔毕生都在试图证明这一假设，但没有成功。直到他死后，人们才证明这个假说是不可判定的（拉康意义上的"实在"）：1938年，哥德尔证明这个假说与集合论的一致性是一致的（参见沃鲁斯费尔《现代数学》，第146页）；1963年，科恩证明，连续函数假说的否定并没有使集合论自相矛盾。

[2] 在0和1到无穷大之间，将所有表示小数点后无限位数的点列表：0.387459073…… — 0,497376574……然后用对角线取的数字组成一个数字：0.39……然后我们改变任一数字，得到的数字不可能出现在原来的表中，它一定是多余的。因此，由于有两个无限，实数集是不可称的，不能映射到无穷整数集上。拉康在1972年4月19日的研讨班"……或更糟"中对此过程进行了评论，将其定性为无法计算（缺一），并定义了"一"的实数（所有集合的类）。维特根斯坦重复了康托尔的论证。

[3] 康托尔：《超穷数理论基础》，法译马罗，巴黎：乔纳森·加贝出版社，1989年。

或宗教方面的详细论述。康托尔使用alephs[1]创立了无穷数理论，并建立了无穷数的算术及计算法则。与此同时，康托尔不得不面对他的理论产生的最大基数悖论，当时罗素以所有不包含自身的类的悖论为名，重新提出了该悖论。这一悖论是由布拉利·福尔蒂[2]在1897年提出的，但依据伯恩斯坦的说法，康托尔早在1895年就有了这个想法。此悖论表述如下："所有序数的集合写作：Ω，这就是一个有序集，应该得到一个序数d，以及其后继数，这个后继数作为Ω的一个数，应该大于Ω的序数：$\delta+1<\delta$。"[3] 为了修正此悖论，康托尔选择将所有序数集等集合描述为不一致集合，但却忽略了这一悖论本身。1882年，他与戴德金[4]断绝了通信，他在信中写道："事实上，一种多重性可以构成所有导致矛盾元素的'同时存在'的假设，因此不可能将这种多重性如同一种'完整的客体'一样视作一个统一体。我把这种多重性称为绝对无限的多重性或不一致的多重

---

[1] Alephs是alesph的复数形式，是希伯来语系中的首个字母，是一连串用来表示无限集合的势（大小）的数。——译者注
[2] 布拉利-福尔蒂（1861—1931），意大利数学家，布拉利-福尔蒂在1897年断言，建构纯粹的"所有序数的集合"会导致矛盾，因此这一构造系统会显示出一种悖论，此悖论被命名为布拉利-福尔蒂悖论。——译者注
[3] 娜塔莉·莎欧：《康托尔致米塔-列夫勒》，摘自《无限与无意识——关于格奥尔格·康托尔的短评》，巴黎：人类学出版社，1994年，第232页。
[4] 戴德金（1831—1916），德国数学家，在数论、抽象代数和算术公理基础方面做出了重要贡献。——译者注

性。"① 正如娜塔莉·莎欧②所言:"使用不一致的术语消除了麻烦的集合,并将它们与绝对无限集合同化,使康托尔免于悖论的折磨。康托尔认为,悖论的问题并不是真正意义上的数学问题,因为它涉及的绝对无限的问题,已经在神性智慧中得到了解决。"③

康托尔在其数学著作中回避了真理的维度,但这让他付出了代价:他再也无法继续维持其数学研究中发展的真理和知识的辩证关系了。在超验的上帝(质料因)和数学知识的现实(形式因)之间的界限正趋于模糊。二者之间的隔阂不再是泾渭分明的,由于数学计算不可能获得结果,因此神性智慧才侵入到了数学领域中。如果上帝要对某些集合的"不一致性"负责,那么就是从另一方面证明计算渗入到了上帝的领域,在质料因和形式因之间产生了混淆。因此,我们认为,康托尔将他的数学著作和培根—莎士比亚理论的荒谬著作分开出版,是为了重新建立这种边界。

事实上,康托尔在数学领域之外,形成的培根—莎士比亚理论分别出现在1896年和1897年,即我们已经提到过的著作

---

① 康托尔:《1899年7月28日致戴德金信》,摘自卡瓦耶《数学哲学》,巴黎:赫尔曼出版社,1962年,第239页。
② 娜塔莉·莎欧(1941—),法国拉康派精神分析家、数学家,巴黎第八大学荣休教授,巴黎弗洛伊德事业学校成员。——译者注
③ 娜塔莉·莎欧:《康托尔致米塔-列夫勒》,摘自《无限与无意识——关于格奥尔格·康托尔的短评》,巴黎:人类学出版社,1994年,第150页。

(《弗朗西斯·培根的信仰告白》《神圣的奎里努斯-弗朗西斯·培根的复活》《罗利文集》）中。这些著作是康托尔的第一批非数学专著，它们标志着康托尔对数学的兴趣和对哲学宗教的兴趣分离成两个部分。他在1882年出版的《一般集合论基础》中，掩盖了知识和真理的区分：知识属于数学论证的范畴，而真理则处于培根—莎士比亚理论信仰的范畴。通过这些出版物，康托尔使真理的维度出现在数学文本之外的其他地方。我们赋予在此出现的真理一种"回归"的含义，1882年出现的真理，此时虽被排除在数学文本之外，却在关于培根—莎士比亚理论的出版物中得以回归。关于纯属数学范畴的出版物和培根—莎士比亚理论的著作几乎是同时发表的，这更加证实了一种观点，即真理不会凭空消失，失之东隅收之桑榆，康托尔不想涉及的内容会在其他地方重新出现。

促使康托尔拒绝真理，又回归真理的因素既有数学研究本身的内部因素，也有外部因素。内部因素在于，康托尔对其理论的不足耿耿于怀，因为这种不足就像楔子一样刺进了他的整体知识理论中。这就是实在界新颖的真理。至于外部因素，则出现在康托尔关于培根的著作中。这种关于内外因素的区分，只是一种时间性的叙事让步，因为我们想证明的是，康托尔作为学者，在他的数学工作中表达了一种处于数学的内部和外部之间的孤独感。

雅克·拉康的"父姓"——标点与问题
Les noms du père chez Jacques Lacan
Ponctuations et problématiques

康托尔在《罗利文集》①中所作的序言有助于我们理解：为什么尽管他从1884年起就一直在研究培根—莎士比亚理论，但直到1897年才发表相应观点。包括三十二首挽歌集的发现，都是因为康托尔认为只有在当时的环境中才有意义。前文已经论述了那些与他数学研究更直接相关的内容，与此同时，他的培根—莎士比亚理论也发生了变化。康托尔自1889年就加入了德国莎士比亚协会，该协会在1896年4月公布了委员会的结论，认为培根—莎士比亚理论"是关于莎士比亚文学令人遗憾的谵语（traurigen Verirrung），不应再给予这种理论关注"。

不难理解，此结论对康托尔是如此粗暴。他认可的协会正式驳斥了他的理论。这一结论让康托尔失去了他期望的通过公众认可其思想而获得的象征性支持。

该协会对培根—莎士比亚理论的拒绝，剥夺了康托尔回归真理之路的基础，加速了他对真理的抛弃。协会的结论不仅破坏了康托尔建立培根—莎士比亚理论所寻求的象征性支持，也摧毁了他在该理论中找到引导自己回归真理的支持，这是他致力于科学的结果。由于缺乏这种支持，康托尔决心自己出版作品，让更多人了解他的事业。这部作品的印刷厂名为"孤儿之家"绝非偶然。康托尔是培根的孤儿，培根的形象作为媒介处于他与被假设应知的主体的上帝之间。因此，他呼吁公众为他

---
① 康托尔：《培根—莎士比亚理论：学者的激情性悲剧》，由埃里克·波尔热编辑整理，克利希，巴黎：希腊出版社，1996年，第99—116页。

做证（Zeugnis，意指"证词"，这带来了第三部作品或标题的转变）。我们不禁要问，这三本出版物是否促使他在1899年癫狂发作，而不得不长期住院治疗，直到1918年去世。

为什么康托尔对弗朗西斯·培根存在转移的心理机制呢？阅读康托尔关于此主题[①]的三部著作就能找到答案。这三部著作的共同之处在于，它们都强调培根的宗教感情，而培根为世人所知的却是，他试图将科学从宗教和古老权威的影响中解放出来。[②] 培根是一位"科学家"，同时也是"基督教最伟大的天才之一"，因此引起了康托尔的关注。对于康托尔而言，培根代表了一种为神圣意志服务的学者的理想形象。从这个角度上说，培根的确是一个理想和想象的形象（一旦被集体认可，这种形象就会发挥象征性的作用），但真实的培根既不是学者，也不是基督教的天才。培根思考的是如何推动科学的进步，这与康托尔成为一名真正的学者是两码事。而康托尔也清醒地意识到自己那些疯狂的宗教信仰被忽视了。但这正是康托尔和培根的关系所在：在与培根的关系中，康托尔扮演了改革者的角色，他渴望重新确立真理，揭示出自己在科学工作中隐藏起来的元素，弥补疏忽。而培根则补偿了康托尔的理想形象，但迫害并不遥远。康托尔的一封写给耶勒神父的信很好地表达了这个问题：

[①] 康托尔：《培根—莎士比亚理论：学者的激情性悲剧》，由埃里克·波尔热编辑整理，克利希，巴黎：希腊出版社，1996年，第99—116页。
[②] 培根：《学术的进步》（1605），巴黎：伽利玛出版社，1991年，前言由米歇尔·勒杜夫撰写。

雅克·拉康的"父姓"——标点与问题
Les noms du père chez Jacques Lacan
Ponctuations et problématiques

"我很高兴在您2月25日的来信中看到,您已经深入地研究了《信仰告白的权利》。① 培根和您在《信仰告白的权利》中获知的真理,都来自十九世纪初出现的一位最伟大的隐修派天主教徒,他在教会中经历了重重考验之后,写下了一份奇妙而真实的天主教信仰宣言。人们对这位令人敬佩的人物知之甚少!不幸的是,新教和天主教都对这份宣言进行了诋毁和篡改,而且没有进行反思(只有极少数的天主教教徒例外)。您应该知道,培根(自1604年以来)全部的自然哲学和道德著作都是怀着虔诚的天主教信仰撰写的,正如他自己在《信仰告白的权利》中表述的那样,我只是谨慎地加以引用。培根所有的著作都以神学、仁爱和真诚为主,只有认识自己的人才能理解这些特点!更重要的是,这位弗朗西斯·培根自己才是莎士比亚戏剧中令人难忘的诗人。"②

康托尔对培根的信仰,和他对莎士比亚作品作者身份的假设,都源自他将培根文本视为密码文献的破译,他坚信破译成果是客观真实的:培根的文本编码成了他的信仰,培根才是莎士比亚作品的真正作者。通过这些工作,康托尔得以重新确立一个被篡改的真理,并反对培根可能是无神论者的言论。

德国莎士比亚协会否认了培根是莎士比亚戏剧作者的观点,

---

① 培根:《信仰告白的权利》,英国:哈利斯·萨克森:尼迈耶出版社,1896年。——译者注
② 娜塔莉·莎欧:《1896年3月1日致耶勒神父的信》,摘自《无限与无意识——关于格奥尔格·康托尔的短评》,巴黎:人类学出版社,1994年,第177页。

这在康托尔眼中就是否定了一位他相信的伟大信徒。康托尔无法相信这种否认，带着怀疑阅读了协会的报告。他认为协会加入了诋毁培根的阵营，这显然是一个错误。他撰写的《罗利文集》的引言全篇都弥漫着自己对此难以置信的气息。康托尔向其他人谴责了那些不相信培根就是莎士比亚戏剧作者的人们，而且他也不相信"斯特拉德福争论"①的立场。康托尔并没有真正探讨过他们的观点，只是引用了一些将培根的观点视为白痴或疯子，值得送入疯人院的段落。仅凭这些引用的段落，康托尔就认定这些作者们是自相矛盾的。他对那些反对培根评价的引用，与此类评价本身的传播方式别无二致。在这个问题上，他对培根理论的信仰和对斯特拉德福派的不信任是紧密相关的。正是出于这种不信任，他的引文甚至成为他相信培根的论据。康托尔的不信任还表现在其他领域，比如他对待数学同行们的态度，他曾多次在信件和通报中谴责他们的"不合法"行为。②

斯特拉德福派的成员一个接一个地受到了康托尔的审判。在英国，这个协会在对莎士比亚的研究中拥有权威性，占据了垄断地位，康托尔便将斯特拉德福派的引文集中在一起，使之显得更有分量，并在此基础上谴责了该协会，认为他们的态度像是要把培根从祖国流放出去。康托尔将培根和他的祖国，与

---

① 斯特拉德福争论，支持莎士比亚戏剧作者之争，由于莎士比亚出生在埃文河畔的斯特拉德福而命名。——译者注
② 格拉坦·吉尼斯：《格奥尔格·康托尔传》，摘自《科学年鉴》，伦敦：泰勒与弗朗西斯有限公司出版，1971年，第27卷，第VIII档案。

基督和犹太教进行了类比,他说:"'漂泊的犹太人'的神话和'漂泊的英国人'的神话在世界文学中,随着时间的流逝都将会找到自己的位置。"

在《罗利文集》引言的末尾,康托尔在受迫害的妄想中,为培根的辩护变得充实起来。1897年6月前后,他向一位先于他出版作品的作者提出了优先出版的要求,即出版罗利收集的挽歌,但却并没有告知该作者他是从何处获得这些挽歌的。康托尔发表了他写给这位作者的信,他在信中表示这样做是为了让人们知道,这些挽歌"并不是从天上掉下来的"。这就是剽窃的原始定义,如同文稿不是从天而降的一样。另外,这与康托尔的问题也相吻合。

康托尔不相信研究莎士比亚的学者们,他认为他们都是叛徒,其观点与他对这位基督教天才、莎士比亚戏剧的作者培根的信仰相左。从肯定培根是诗人和剧作家,到谴责他的诋毁者,再到赞美这位伟大的信徒,康托尔的叙述天衣无缝。

我们很难知道康托尔对培根—莎士比亚理论的论证究竟是从何开始的,以至于对培根的普遍颂扬也可能促成康托尔对自己观点的深信不疑。然而,我们还是从一些蛛丝马迹中观察到,这种信念是建立在对文字,更准确地说,是对专有名词的字面书写的阐释机制上形成的。

值得注意的是,康托尔并没有对培根或莎士比亚的文字形成自己的阐释,这与唐纳利等人的研究方式是不同的。此外,他也并没有认真地评价过他们。康托尔的依据是培根死后那些赞扬他的拉丁文诗歌，并认为培根作者身份的真实性正体现在其中，从而去研究这些诗歌的字面意思。诗歌就是大他者的地点，康托尔经由相同的理由深信此地点的存在。他的谵妄确保了大他者地点的存在，从而成为真理的保证。他在标题中使用了：Zeugnis，这个词源自zeugen，意指"见证"和"孕育"。对于康托尔而言，挽歌的诗歌之地（Le lieu poétique de l'élégie）就是大他者的地点，其中确实存在作者身份的问题。

在《罗利文集》中，为培根—莎士比亚理论提供证据的应该就是三十二首挽歌（也是这位集合论之父应该做的）。[①]康托尔认为，所有这些挽歌的共同之处在于，它们都认定培根既是诗人也是戏剧家，这与认为培根对戏剧不感兴趣或不了解戏剧的说法恰恰相反。这些挽歌都是由那些了解他的诗人撰写而成的，他们将培根誉为"那个时代最伟大的诗人，最伟大的戏剧家和美术的革新者"。而人们熟知的培根却并不是这样的人，弗朗西斯·培根有着辉煌的政治生涯，他曾在詹姆斯一世时期担任英格兰大司法官，直到培根因腐败而被迫辞职。他首先在科学哲学领域声名鹊起，并为此建立了一套方法论分类法，为国家保障的预科教育体系服务。他倡导独立于学术权威的原则，并以归纳法作为科学研究的基础，从而推动了实验方法的发展。

[①] 康托尔：《培根—莎士比亚理论：学者的激情性悲剧》，埃里克·波尔热编辑，克利希，巴黎：希腊出版社，1996年。

雅克·拉康的"父姓"——标点与问题
Les noms du père chez Jacques Lacan
Ponctuations et problématiques

奇怪的是,培根也因为忽视数学在自然科学中的作用而备受批评。至于诗歌和戏剧,它们并不属于培根的"公开"作品。这些挽歌并没有被收录在《牛津诗歌选集》中,不过该诗选还是收录了几位赞扬培根的挽歌作者的诗作:赫伯特[1]、伦道夫[2]……康托尔将培根的一部诗歌和戏剧视作"深奥"的作品,却远未达到众口一词的"难以理解"。但培根为什么要写一部深奥的作品呢?这是他偶然为之,还是深思熟虑的结果?康托尔没有解释。这难道不正反映出康托尔不信任自己吗?一直以来只有几位熟悉内情的人被猜测知道莎士比亚戏剧的作者身份。康托尔想让这位作者变得人人皆知,不再是被封存在这几位知情人之间的秘密。

除了诗歌选集能够作为培根—莎士比亚理论的依据,一些挽歌也为此理论提供了补充性的证据。康托尔将其中三首挽歌翻译成德文,并用下画线强调了几句诗文。在这三首挽歌中,最重要的显然是伦道夫的第三十二号作品,他的这首用拉丁文创作的挽歌被翻译成德文和英文,并被出版发行。翻译成德文时,康托尔选择使用挽歌格律[3],正如他在《罗利文集》中将培根与奎里努斯相提并论,目的"只是为了特意证明(bezeugen)培根就是诗人莎士比亚"。

---

[1] 赫伯特(1593—1633),英国诗人、演讲家和牧师。——译者注
[2] 伦道夫(1605—1635),英国诗人、戏剧家。——译者注
[3] 挽歌格律:在希腊语和拉丁语的韵律中,由两句诗组成一组,或由双音六拍和五拍连续而成,是挽歌体裁特有的格律单位。——译者注

德语：Crescere Pegaseas docuit, velut Hasta Quirini Crevit, et exiguo tempore Laurus erat.

法语：Aux tiges nées sous les sabots de Pégase, il apprit à croître comme le fit la lance de Quirinus, et en peu de temps ce fut un laurier。[1]

中文：飞马铁蹄下生出了一些根茎，它们学会了像奎里努斯的长矛一样生长，很快就长成了一棵月桂树。

康托尔将英译版本中的"奎里努斯（Quirinus）"解释为："长矛的投掷者（德语：Spear-Swinger；法语：balanceur de lance）或投掷器（德语：Shaker；法语：secoueur de lance）＝莎士比亚。"[2]

奎里努斯是一位萨宾人的神，以黑桃的形式出现，萨宾语将他称为"queir"，拉丁语为"quiris"。当萨宾人突然攻克罗马城，与罗马人融合之后，就将罗马人的奎里努斯神变成农神和战争之神。奎里努斯也曾是朱庇特和雅努斯之神的化名。罗慕路斯神在一场狂风暴雨中失踪后，人们便将奎里努斯当成了这位神格化的罗马建成之神。[3]

伦道夫的诗句暗指奎里努斯从亚汶丁山顶掷下的长矛（长

---

[1] 由雅克·德·玛松翻译。
[2] 参见康托尔《培根—莎士比亚理论：学者的激情性悲剧》，埃里克·波尔热编辑，克利希，巴黎：希腊出版社，1996年，第80、106、143页。
[3] 《布耶词典》，巴黎：阿歇特出版社，1861年。《古代文化词典》，牛津大学，拉丰出版社，1993年。

259

成了一棵树），还指出这棵贡献给缪斯女神的树生长于飞马的铁蹄之下。①

康托尔认为伦道夫将培根比作奎里努斯，意味着培根就是莎士比亚（Shakespeare），因为 Sha-kespeare = Speer-shaker，就是 quiris（掷矛者）。奎里努斯（Quirinus）在德语中指代：Lanzenschwinger（持矛者）或 Speerschüttler（掷矛者），②在英文中是 Speer-swinger 或 -shaker，③这些词与莎士比亚的意思相同（康托尔使用了"="表示相同的意思）。因此，当伦道夫说到奎里努斯时，就是在隐晦地指代莎士比亚。

这种解释是一种典型的妄想式解释，其依据是 Quirinus 近似于英文翻译 Quiris = Speer，长矛，与指代携带物品名的动作相关。此外，Speer-swinger 和 Speer-shaker 康托尔创造的这两个词，虽然人们能够理解，但在英文中并不存在。然而，由于这两个词并不存在，并且挥舞或投掷长矛的意义不尽相同，因而我们也不清楚这个动作对应的是哪一个意义。康托尔根据字面意义解构了专有名词（莎士比亚），这意味着专有名词不再发挥其指称功能。这种解构伴随着 Bedeutung（指称，含义，参照）的变化（莎士比亚变成了培根），重新采用了我们前面已经提到

---

① 这是一匹拥有双翼的飞马。贝勒罗丰杀死奇美拉后，试图骑着它到达奥林匹斯山，却被摔倒在地。——译者注
② 参见《罗利文集》，摘自康托尔《培根-莎士比亚理论：学者的激情性悲剧》，埃里克·波尔热编辑，克利希，巴黎：希腊出版社，1996年。
③ 参见康托尔《神圣的奎里努斯-弗朗西斯·培根的复活》，伦敦：闪电出版社，2016年再版。

过的弗雷格式的区分。因而没有什么可以阻止我们也根据字面意义解构培根,并提出一位新作者的姓名。在我们的视野中,康托尔的论证确实很好地验证了在命名功能中出现了一种"空"的轮廓,这证明了父姓功能的缺陷。

另外两首诗,其中一首来自威廉·圣罗爵士[1],另一首是赫伯特的作品,它们都由康托尔和威索娃[2]意译成德语挽歌,对于我们而言,这两首诗没有典型意义。但康托尔认为它们与伦道夫的作品一样具有证明价值。在威廉·圣罗爵士的作品(第十八首挽歌)中出现的悲剧缪斯:墨尔波墨涅[3](Melpomène)的名字引起了康托尔的注意,这让他联想到了莎士比亚。在这首诗中,墨尔波墨涅为培根向阿特洛波斯[4]求情:"死神本想大发慈悲,但阿特洛波斯却拒绝了。墨尔波墨涅提出抗议,她无法接受这种罪行,她从天上对这位黑暗命运女神说:'阿特洛波斯,你从未如此残忍:保卫整个宇宙吧,只要把我的太阳神还给我'唉!培根啊,无论是天神,还是死神,又或是缪斯女神,都无法阻挡你的命运,也无法阻止我们的愿望。"

赫伯特的挽歌(第三首)非常短:"当你在漫长而残酷的病

---

[1] 威廉·圣罗爵士(1518—1565),16世纪英国军人、政治家和朝臣。他的官职包括卫队长、英格兰总管家和德比郡议员。——译者注
[2] 威索娃(1859—1931),德国古典哲学家。——译者注
[3] 墨尔波墨涅,希腊神话中掌管悲剧的缪斯,是宙斯和记忆女神的女儿,最初只是掌管一般诗歌的缪斯,后来发展为掌管哀歌的缪斯,最后成为了悲剧缪斯。——译者注
[4] 阿特洛波斯,希腊神话中的三位命运女神之一,其他两位分别是克洛托和拉克西丝。阿特洛波斯的名字意指"不可改变,或不灵活的",这表明了她的职能。——译者注

雅克·拉康的"父姓"——标点与问题
Les noms du père chez Jacques Lacan
Ponctuations et problématiques

痛中呻吟时,当你的生命疲惫不堪、踌躇不前时,我明白了命运的旨意和智慧。恐怕,你只能在四月逝去,鲜花的泪水、夜莺的哀鸣,是唯一配得上缅怀你的声音。"康托尔在其德文译本中,强调了4个可能对他有意义的词:四月,鲜花,夜莺(这首挽歌名为夜莺),你的声音(原文为"你的舌头",在此处,被康托尔翻译为"你的声音")。我们认为这些词只对康托尔有意义,并不具备普遍性的意义。依据菲洛墨拉[①]的神话故事,她在被姐夫强奸并肢解后变成了被割去了舌头的夜莺,也许夜莺指的就是培根,据说培根曾否认自己是莎士比亚戏剧的作者。在自然界,夜莺在四月开始求偶歌唱,培根也是在四月去世的,另外墨尔波墨涅的名字源于melpo,意指歌唱。

罗利收集的挽歌整体上有一种促进解读的效果。雅克·德-莫松[②]将所有挽歌都翻译成了法语,并且指出这些挽歌的写作风格颇为古板,用词罕见,诗人们用精湛的技巧将培根的作品或多或少地隐喻为他们认同的拉丁神话中的人物。换句话说,

---

[①] 菲洛墨拉,希腊神话中阿提刻国王潘狄翁与妻子宙克西珀所生之女,菲洛墨拉的姐夫色雷斯国王忒柔斯凶暴好色,企图霸占菲洛墨拉,遂将自己的妻子普罗克涅藏于密林中,谎称其已死,要潘狄翁把另一个女儿送来。菲洛墨拉到达后即遭忒柔斯强奸,又被割掉了舌头。普罗克涅得知后气极,为报复竟杀死自己与忒柔斯的孩子,并将孩子的肉做成饭给忒柔斯吃,然后带菲洛墨拉逃跑。忒柔斯发觉真相后暴怒,拼命追赶两人。两姐妹在绝望中向神祈祷,天神把他们三人都变成了鸟:普罗克涅变成夜莺,菲洛墨拉变成燕子。晚期的罗马作家不知出于什么原因改动了神话,把无舌的菲洛墨拉说成夜莺,把普罗克涅说成燕子。——译者注

[②] 雅克·德-莫松(1929—2018),法国文学教授,毕业于高等师范学校,文学学士,曾任巴格达文化顾问,曾在大马士革和布拉柴维尔大学任教。——译者注

这些风格相同的挽歌是在邀请读者们去解密，寻找一个变形了的秘密，更广义地讲，这些挽歌试图促使读者们从不同方向上做出各种各样的解释，康托尔显然无法抗拒这种诱惑。另外，这些挽歌还将新哲学的创造者培根与拉丁诸神进行了类比。

康托尔对培根-莎士比亚理论的论证建立在妄想式解释的基础上，而这又构成了其系列妄想的一部分。从1899年起，这些妄想扰乱了康托尔的生活，使他经常入院治疗。1899年11月，康托尔给内务部国务秘书写了一封信，目的是换工作，而这封信就此拉开这首妄想狂奏曲的序幕：

亲爱的伯爵：

我向您递交了在普鲁士国王陛下，德意志皇帝威廉二世的外交部门任职的申请，感谢您没有拒绝我向帝国宰相霍恩－洛赫亲王转达我的请求。

我还想私下告诉阁下，我没有申请任何其他荣誉或职位，只想要求一个简单的图书管理员职位，不是特别高的头衔，但却最适合我。薪水不必高于我目前的水平。

然而，为了向我亲爱的妻子证明这封信是我自己的决定，如果我的请求得到批准的话，若能以某种方式授予我"枢密顾问"的头衔，我将不胜感激（我的妻子只是不愿意离开她亲爱孩子们出生的城市，当然她对我放弃德语教师的身份这一不可改变的决定一无所知）。

为了使阁下了解更多，我还想补充一点，在过去的十五年

雅克·拉康的"父姓"——标点与问题
Les noms du père chez Jacques Lacan
Ponctuations et problématiques

里,我已经从根本上解决了莎士比亚诗歌真实性(Autorshaft)的问题,事实上,这对圣-阿尔班子爵维鲁男爵(弗朗西斯·培根)是有利的。而且,通过此研究,我获得了有关大不列颠相关的早期历史知识,这些知识一旦公布,无疑会使英国政府感到惊喜。[1]

康托尔在信中还附上了他关于培根的三篇作品,他的家庭史以及对其他德语教师的控诉,这些都写在九张拜访卡上面。此外,他还强调了申请的急迫心情:"我恳请您今天或是明天就答复我的申请,因为我可以利用俄罗斯帝国外交使团出访波坦—柏林的机会,通过枢密顾问的身份,作为阔别故乡四十三载的俄罗斯人,为沙皇尼古拉二世提供衷心的服务。"

对"被假设应知的主体"的质疑

我们将康托尔的妄想式信仰与他在1877年一次令人难以置信的经历联系起来。

康托尔当时刚刚证明了后来被他称为"连续势(la puis-

---

[1] 康托尔:《1899年11月10日致格拉夫·冯·波萨多夫斯基-韦纳博士的信》,参考格拉坦·吉尼斯《格奥尔格·康托尔传》,摘自《科学年鉴》,伦敦:泰勒与弗朗西斯有限公司出版,1971年,第27卷,第VIII档案,第378页。参考娜塔莉·莎欧《康托尔致米塔-列夫勒》,摘自《无限与无意识——关于格奥尔格·康托尔的短评》,巴黎:人类学出版社,1994年,第200页。

sance du continu）"①的概念，就写信给他的朋友戴德金："在您尚未赞同我的观点时，我只能说：我看到了它，但我不相信它。"②

康托尔在几年之前就一直思考这个问题，他最初预想的证明与后来他真正得出的结果完全相反。最终，他发现了一个与他自己相信的真理背道而驰的定义。在他完成证明的那一时刻，那个无法让他相信的答案，才是他现实意义上认同的正确答案。那一刻，康托尔心中充满了踌躇，他无法接受自己的发现。面对这种前所未有的情况，他缺乏象征性的支持。他演算中包括的象征性现实，即他可以用自己言语支撑的现实消解了，变得不再真实（"而尽管他意识到了这种想象性的现实'我看到了它'，但他却说"我不相信它"）。

这种不相信或难以置信的现象虽稍纵即逝，却具有重要的主观意义。这与弗洛伊德在给罗曼·罗兰的信中讲述的一件令他"难以置信（德语：Unglauben）"的例子很相似，弗洛伊德

---

① 康托尔的"连续势"表示，如果我们将一条线段上的实数 R（有理数和无理数，即小数既不是有限的也不是周期的数）序列（线段上的点）与 X 倍长的线段上的实数序列（这条线段上的点）相匹配，那么这两个序列是等价的。长度为1厘米、1米、1千米或更长的线段上的点数相同。同样，就实数（或点数）而言，线段和无限维的正方形、立方体或曲面是等价的。在n维空间中，正方形内的无限个点等于线段上的无限个点。
② 康托尔：《1877年6月29日致戴德金的信》，摘自卡瓦耶《数学哲学》，巴黎：赫尔曼出版社，1962年。

将这个例子称为"关于雅典卫城的记忆障碍"。[1]

"难以置信"和"不相信"是有差异的,因为"难以置信"具有一种积极的意义,正如拉康提醒我们的那样:"难以置信不是对信仰的压制,而是一种人与其赖以生存的世界、真理相关的特定模式。"[2]

在致弗利斯[3]的两封信以及《关于防御心理的新评论》[4]中,弗洛伊德将偏执狂与难以置信联系在一起。他认为当信念(德语:Glaube)被否定(德语:versagt)时,会使主体在最初的快乐体验之后指责自己(如同一种强迫观念)。其中包含了对信仰的抛弃(德语:Ablehnung)或拒绝(德语:Versagen),但同时主体拒绝承认(德语:Anerkennung)这种指责:"对于妄想狂而言,指责是一种被压抑的投射方式,其防御形成的症状设置了一种对他者们的不信任。只有这样,指责就得不到承认。而且似乎为了报复,在没有任何防御的情况下,指责又重新回

---

[1] 弗洛伊德:《罗曼·罗兰书简》,摘自《法兰克福作品集》,美因河畔:费舍尔出版社,第16卷,第250页。法语版由特兰塔译,《致罗曼·罗兰的信》,第10号公报,1987年11月。参见康托尔《培根—莎士比亚理论:学者的激情性悲剧》,埃里克·波尔热编辑,克利希,巴黎:希腊出版社,1996年,第17页。在讨论这本书时,费兰多认为弗洛伊德的"不相信"和康托尔的"不相信"是完全南辕北辙的例子。
[2] 拉康:《精神分析的伦理》,巴黎:门槛出版社,1986年,第156页。
[3] 弗洛伊德:《致威廉·弗利斯的信》,美因河畔:费舍尔出版社,1986年。1966年5月30日和1996年1月1日是手稿(编号K)。
[4] 弗洛伊德:《关于防御心理的新评论》,初版1896年,摘自《神经症,精神病和倒错》,巴黎:PUF出版社,1973年。

到妄想的观念中。"[1]依据弗洛伊德的逻辑，被拒绝的观念会以妄想观念和口语型幻觉的形式再次出现，弗洛伊德将此称为"高声言说的思想（pensées mises à voix haute）"。

拉康采用了弗洛伊德"难以置信"的概念，并将其应用于确定科学的辞说（disours de la science）中："至于'难以置信'，在我们看来，它就是一种辞说的立场，它与物（Chose）的概念非常精确地重合在一起，物在丧失（Verwerfung）的意义上被抛弃了。[……]严格来说，科学的辞说涉及的正是丧失。科学的辞说拒绝了'物'的存在，因为在其视角下，要呈现的是绝对知识的理想形象，这一形象提出'物'的概念而不能涉及'物'的状态。[……]科学的辞说取决于丧失。"[2]但拉康并没有证明该立场的合理性。我们认为，将"难以置信"与笛卡尔的双曲线式怀疑进行比较可以支持这种立场，因为笛卡尔的立场产生了科学的主体。

"难以置信"使我们确立了一种科学的辞说，该辞说取决于丧失所占据的精神病性的立场。拉康此后一直坚持这个观点："但弗洛伊德如何定义这种精神病性的立场呢？确切地说，在我多次引用他的一封信中，他将此立场称为'陌生的物'（chose étrange）或'难以置信'，即不想知道任何真理。"[3]这与拉康在

---

[1] 弗洛伊德：《关于防御心理的新评论》，初版1896年，摘自《神经症，精神病和倒错》，巴黎：PUF出版社，1973年，第80页。
[2] 拉康：《精神分析的伦理》，巴黎：门槛出版社，1986年，第157页。
[3] 同上，第71页。

《科学与真理》中所言不谋而合:"科学,作为动因的真理什么也不想知道。我们因此认识到了排除或丧失的公式。"①

精神分析并没有自称是一门科学,却为科学进行辩护。如果科学的辞说属于偏执狂般的因果关系的范畴,那么精神分析的命运不也是一种偏执狂的形式吗?但是,如果精神分析是一种偏执狂的形式,那么科学是否就是一个拥有偏执决心的偏执狂呢?我们该如何走出这个怪圈?这就是拉康所言,将父姓重新纳入科学体系的关键原因,我们之前已经讨论过这一点了。

拉康在《科学与真理》中再次提到科学家悲怆的情感,有时甚至到了癫狂的地步,无论如何,在这种情况下,科学家受到严峻的考验是不足为奇的。②拉康在此提到了康托尔,他将其作为典型案例对我们来说是极具启发性的,但前提是我们必须尊重其复杂性。

让我们试着理解一下这个问题的提出。科学并不想获知真理,也就是说,它并不想获知自己诞生之初经历的所有秩序的曲折变化。③科学并不拥有自己的历史记忆,它毁掉了自己的过去:"在具有宗教意义的科学史中,充斥着昔日英雄们的名字,有时是他们的肖像,但只有历史学家们才会阅读这些著作。而科学核心领域的每一次新突破,都会导致书籍和期刊的消失,

---

① 拉康:《书写》,巴黎:门槛出版社,1966年,第874页。
② 同上,第870页。
③ 同上,第869页。

这些突然过时的读物被从图书馆显眼的书架上撤下，被归整到某个资料库里。[……]科学与艺术不同，它会抹去自己的过去。"[1]科学的发展当然也历经波折，它的每一次曲折前行都会上演一部情感上的悲剧，但并非所有的悲剧都以疯狂告终。从结构上看，这些悲剧是对真理的回归，是对科学集体拒绝获知真理而构成的回归。科学承担了拒绝真理的后果，拉康将这种拒绝等同于作为动因的真理的丧失。正如压抑和压抑的回归是同源的，真理的回归与被拒绝的真理也是同源的，只不过真理的这种回归发生在一个不同于它被拒绝的地方（即指：实在界、象征界或想象界）。

因此，无论"难以置信"发生在个体还是集体层面，它都会以一种主观局部的方式在科学研究进程中，或在科学研究之外的过程中呈现在科学家身上，比如科学家会出现一种妄想，或他们会认为真理是无法被分享的。无论真理的内容是什么，它永远都是真理。然而，并非所有的怀疑都是精神病。那么精神病和正常怀疑的区别是什么？这正是康托尔的情况为我们说明的问题。我们可以将"难以置信"的第一个瞬间，也就是即将发现新科学理论的瞬间与"难以置信"形成妄想的第二个时刻进行对照。

康托尔在1877年偶尔表现出的质疑与在1896年对培根表现

---

[1] 托马斯·硅恩：《基本趋向》，巴黎：伽利玛出版社，1990年，第457页。

雅克·拉康的"父姓"——标点与问题
Les noms du père chez Jacques Lacan
Ponctuations et problématiques

出的相信既有相似,也有不同。二者乍看之下完全对立。但这种对立是表面上的。因为在1896年那个"难以置信"的时刻到来之前,1877年就出现过一个信念的问题,因此他对培根信仰的发展是建立在质疑的基础之上的。质疑,作为主体与真理之间复杂关系的模式,在这两个时期都出现过,其结果就是无论在任何情况下,科学家在科学的辞说中都会表现出一种悲怆的情感。当然,这种悲怆的情感具有的差异性还是值得研究的。

康托尔在1877年表现出的质疑并没有形成妄想。而是到了1896年,除了对数学的信念之外,其他的信念导致他出现了一系列症状,这些症状切断了他与数学的联系,而且表现得越来越严重。

1877年,康托尔遇到了一种新的知识,即实数幂,这是当时尚未发现的一种知识。没有任何权威、科学家能确认这种知识。因此这种知识当然不能被看作来自某个被假设应知的主体,或一位具有命名功能的父亲。拉康在此理解了康托尔发明"无穷"概念时面临的危机:"正因如此,历史告诉我们,开辟了这扇神圣的逻辑之门的伟大数学家们,比如这些先驱之一欧拉[①],他们都非常恐惧,但明确知道自己的所为:他们遇到的不是笛卡尔式的广阔无垠的空虚,尽管帕斯卡尔最终不再让任何人感到恐惧,但大他者的空仍然无限得令人生畏。人们相互鼓励,

---

[①] 欧拉(1707—1783),瑞士数学家和物理学家,近代数学先驱之一。——译者注

越走越远,大他者的空之领域因而总是被寄存在某个人身上。"①拉康认为,科学家们与逻辑之门的这种相遇使"被假设应知的主体"受到了极端的质疑,正如他在1967年几次研讨班中反复强调的:"使精神分析显得与众不同,又能深刻质疑其作为科学的知识所构建的体系,恰恰从未被认真探讨过,也从未被与科学联系在一起,这并非理所当然,但早已有人知晓。"②拉康接着又说:"[……]在这种辞说中,我与这位教授不同的立场在于,我认为关键所在是对被假设应知的主体整体性的质疑。[……]如果我们从存在主义者的角度出发,就总会涉及一个从来不会被质疑的存在,那就是你们所说的真实。"③在另外一个研讨班中,拉康再次重复了相同的话语:"问题是:这个正在发展中的知识,是否已经存在了?我用'被假设应知的主体'这一术语提出此问题。"④拉康随后提到了科学采取的步骤,它放弃了知识的神秘性和净化主体本身,并且他补充道:"事实仍然是一旦采取科学的步骤,就没有人坚持严肃地质问这种包含了偏见的知识,而且这种偏见也并未被评判过,也就是说,这种知识一旦被发现,我们就应该认为它是来自思考,无论我们是否愿意,都会把它想象成一种已经存在的秩序。严格来说,只要我们没有试图从根本上解决这个被假设应知的主体的问题,

---

① 拉康:《认同》,1962年1月17日研讨班记录稿,未出版。
② 拉康:《精神分析的行动》,1968年2月28日研讨班记录稿,未出版。
③ 同②。
④ 拉康:《从大他者到小他者》,1969年4月30日研讨班记录稿,未出版。

雅克·拉康的"父姓"——标点与问题
Les noms du père chez Jacques Lacan
Ponctuations et problématiques

那么我们就还停留在唯心主义中,直截了当地说,我们会固着在最原始的形式中,处于类似神学那种不可动摇的结构中。在这种情况下,被假设应知的主体就是上帝。"

1877年,尽管康托尔发出了对"被假设应知的主体"的疑问,但他还是以自己的主观判断做出了回应:"我看到了它,但我不相信它。"

拉康认为,分析结束时产生的非存在感(désêtre)[①]同样也会使主体向"被假设应知的主体"提出怀疑:"这种非存在感揭示了被假设应知的主体的虚无性,由此精神分析家将自己献身于欲望本质的神龛[②](agalma),准备将自己和自己的姓名简化为任意一种能指。"[③]可是,依据弗洛伊德的观点,分析结束时对知识的质疑同样也是一种症状,这种症状与"难以置信"相对应,也就是一种错误识别:"在治疗结束时,出现一种令分析家满意的错误识别并不少见。分析家穿越病人的所有阻抗,成功让病人接受被压抑的真实内容或心理事件,让病人的心理恢复正常,病人会说:现在,我确定了一直都知道的感觉。那么精

---

① désêtre,指阻碍主体体验其真正能力的因素。当分析家不再是被分析者当作客体a时,分析者就会感到"不存在"。——译者注
② agalma,指形象、神像、装饰品、神龛、崇拜对象、人们喜爱的东西。在柏拉图看来,被创造的宇宙是为永生的神创造的神龛。——译者注
③ 拉康:《1967年10月9日提案》,摘自《西利色》第1期,巴黎:门槛出版社,1968年,第25页。

神分析的任务就完成了。"[1]

毫无疑问,弗洛伊德指出的这种知识关联的症状,仍然是遮蔽着"被假设应知的主体"的虚无面纱,这也是拉康思考的非存在感时遇到的困局。我们还需要对该问题进行更深入的研究,以确定非存在感是否伴随着相关症状。面对大他者的空,康托尔说"我看到了它,但我不相信它",他无疑也被困住了,在那个时刻,他被困在了非存在感或其认知中。但康托尔的症状告诉我们,他已经来到了这个困局面前。

对已有知识进行错误识别形成的症状,直接指向对"被假设应知的主体"的质询。同样,康托尔说的"不相信"更加明确地勾勒出了空的区域,它验证了一种已有的知识,也就是在康托尔发现它之前就已经存在的知识。"不相信"难道不是一种承认"物"本来就存在的方式吗?

如果我们仔细阅读拉康的著作就会发现,在回答"这种知识是否早已存在?"或"是否早已有人知晓这种知识?"又或"这种知识之前是真的吗?"这类问题时,拉康最看重的不是答案,而是提出问题这一事实。拉康没有作出回答,而是将之变成一个悬念。确切地说,正是这种悬念将"被假设应知的主体"卷入了旋涡中。

假设的维度变成了一条裂缝,它的扩大打开了欲望的空间,

---

[1] 弗洛伊德:《关于精神分析工作中(已经遇到的)错误识别的问题》(第一版1914年),摘自《精神分析技术》,巴黎:法国大学出版社,1987年10月。

雅克·拉康的"父姓"——标点与问题
Les noms du père chez Jacques Lacan
Ponctuations et problématiques

也就是分析家欲望的空间。拉康认为对于精神分析家而言,康托尔的病史可被视为经典案例。精神分析家不能止步于怀疑的态度,他还应该关注一些"必须了解的东西":"他必须了解的东西,也许可以追溯到'备用'关系,所有与姓相称的逻辑都在这种关系上运作。并不是说它是一种'特殊'的关系,但它以一连串严谨的字母呈现出来,只要不漏掉其中任何一个,那么未知(non-su)就会如同知识的框架一样按顺序排列。令人惊讶的是,我们利用这种'备用'关系发现了某些问题,例如:无穷级数。它们以前是什么样的?我在这里指出,正是它们与欲望的关系赋予了它们一致性。康托尔的探险并非一无所获,我们不妨将其视为分析家欲望所处的秩序,尽管这种秩序并非是无穷的。"①

就算康托尔的探险成为分析家欲望的典范,但对拉康而言,这也不意味着精神分析就是数学:"分析的辞说中不包含科学的辞说,但科学为我们提供了论述的材料,这是完全不同的。"②

在《1967年10月9日提案》后的一篇文章中,拉康再次提到康托尔,仍然是同样的问题:"知识只会为主体带来质疑,主体又能事先获知什么呢?我们可以假设,康托尔对无穷级数的发现始于对角线上的非整数,但这并不意味着要将问题简化为

---

① 拉康:《1967年10月9日提案》,摘自《西利色》第1期,巴黎:门槛出版社,1968年,第20页。
② 拉康:《……或更糟》,1972年4月19日研讨班记录稿,未出版。

一种引起克罗内克愤怒的结构。如果主体没有存在感，那么存在感又在哪里？"①

拉康的问题再一次没有得出答案，只留下了必要的悬念。这种悬念也许如同逻辑时间一样具有一种逻辑的、能指的价值。

1877年，在康托尔的"不相信"形成问题之始，培根-莎士比亚理论不就已经成为这一问题的答案了吗？这就是我们赋予被拉康称为的"科学家的悲怆情感"的意义。1897年，康托尔证明培根-莎士比亚理论集作品的出版构成了一种回答，"解决了莎士比亚诗歌最深层次的真实性的问题"，是他20年前在证明连续势的新发现时，质疑"被假设应知的主体"时迟缓而妄想的模式。1897年，他对"被假设应知的主体"的质询并没有因为所有序数集悖论这一绊脚石而停止。但在培根之外，上帝被他重新理解为被假设应知的主体。康托尔在《一般集合论基础》的第一篇文章中坚持的是，上帝不仅仅应被恢复为超验性的最高神明，还应被还原成为大他者的形式，这位大他者知道主体阅读的符号意味着什么，也就是说，大他者以这样的形式呈现在偏执狂的妄想性的符号元素中。②康托尔确信，诗人伦道夫有意通过奎里纳斯与培根的比较，将培根视作真正的莎士比亚。

---

① 拉康：《被假设应知的主体的忽视》，摘自《西利色》第1期，巴黎：门槛出版社，1968年，第39页。
② 拉康：《精神分析的重要问题》，1965年5月5日研讨班记录稿，未出版。"我们从未着重强调过偏执狂患者身上的某些妄想性的符号元素，在某些方面，我们知道这些符号意味着什么，而患者自己却并不知道。"

雅克·拉康的"父姓"——标点与问题
Les noms du père chez Jacques Lacan
Ponctuations et problématiques

康托尔关于培根的妄想不只意味着对"被假设应知的主体"的回归，也意味着对父姓及父亲使命的认同方式。正如我们已经说过的，1905年，康托尔撰写《东方而来的光明》，以证明"《圣经》中的某些段落曾经明确指出亚利马太的约瑟是耶稣基督的父亲"这一观点的过程中，焦虑促使他反复修改文章中的某些段落。康托尔认为，上帝的"画外音"（off）承认了耶稣是他的圣子（比如《马太福音》第3、17章，《马可福音》第1、11章，《路加福音》第3、22章），这种画外音是肉身之父的声音。在康托尔的这篇文章中，父姓以命名的父亲形式回归到实在中。在康托尔身上，父姓的问题与被假设应知的主体混淆在一起，形成了我们之前提及的"假设应知的主体的父姓"的混合体。

其他案例

史瑞伯的父亲莫里茨·史瑞伯在他儿子的妄想症中代表了"被假设应知的主体"的父姓形象，这是因为老史瑞伯在实施教育的方式中扮演了一个角色，该角色在他儿子的妄想中留下了超自然力量的痕迹。但并不表明这些教育方式本身特有的专制和约束是错误的，而是老史瑞伯对孩子们的教育传达的意识形态破坏了当时的教育方式，这也体现了拉康指出的父亲与律法的关系。老史瑞伯将他的儿子视作一棵植物,[1] 以大自然的知识作为一切问题的答案,他还因此自视为教育典范,一个无所不知、完美的教育者。"自然"就是他这位父亲,同时也作为教育者传播和教授给孩子的全部知识的名称。但这并非没有矛盾,他在要求孩子顺从自然的同时,实际上也对他实施了控制,抑制了他的自发性。"这种监督和对日常生活细枝末节的不断约束,目的是要纠正孩子身上的自然法则,但我们并不知其中的危害性,殊不知这些监督和约束会使孩子误入歧途,这与孩子的自发性存在着巨大的差异![……] 因为这位父亲—大师(père-maître)一直将自己视为自然唯一善良的解释者,那么如若真正要解除对孩子们的约束,则应当尽快让孩子不再把这些约束看作是一些来自外部的约束,而是将它们作为自然的真实声音,使孩子必须从自己内部的回声中感受到它们。"[2] 没有任何一种教学措施天然就是专制的,但教学措施却总是被用于一种近乎妄想的自然目的论。例如,老史瑞伯断言两餐之间不进食是自然界的一个事实,这有利于制造优质血液。除此以外,他对身体美感的担忧,在他身上发展出了一种对身体对称性的强迫观念。"他注意到,很小的孩子在开始爬楼梯时,不能像成人那样在每一级台阶上交替抬起一只脚,而是自发地倾向于总

---

[1] 参见《研究报告:惊人的史瑞伯家庭》,摘自《西利色》第4期,巴黎:门槛出版社,1973年,第287页。
[2] 杜宾:《父亲—主人:从卢梭到史瑞伯的父亲》,摘自《大学的精神分析》,巴黎:PUF出版社,1994年7月。

雅克·拉康的"父姓"——标点与问题
Les noms du père chez Jacques Lacan
Ponctuations et problématiques

是抬起同一条腿来爬上一级台阶。这严重破坏了身体两部分的'自然'对称，应该指出的是，这只是儿童的自发行为。但史瑞伯的父亲规定，应该教孩子每走一步都交替抬起一条腿。"① 正如《研究报告：惊人的史瑞伯家庭》的作者所言"这种教育最大限度地缩小了教育者、父亲、指导者或生育者之间的标签，它最终导致史瑞伯追求的父亲的具体化身之间没有任何空缺[……]"② 也就是说，史瑞伯的父亲身上存在一种倾向，即在父姓和被假设应知的主体之间不存在任何缺口。我们知道，这为他的孩子们带来了灾难性的结果，包括史瑞伯的妄想以及丹尼尔－古斯塔夫的自杀。

我们清楚地在临床维度上观察到"被假设应知的主体的父姓"的印迹，在此，区分"父姓"与"被假设应知的主体"就显得尤为重要，这就是儿童精神分析要做的工作。弗洛伊德在"小汉斯"③ 案例的引言中，对精神分析方法的成功作了如下解释："只有将父性权威与医疗权威合并（德语：Vereinigung）在一个人身上，并且在这个人身上同时表现出一种温柔和蔼的态度，以及对科学方面的兴趣，精神分析才能在这种情况下得到

---

① 杜宾：《父亲—主人：从卢梭到史瑞伯的父亲》，摘自《大学的精神分析》，巴黎：PUF出版社，1994年7月，第75页。
② 《研究报告：惊人的史瑞伯家庭》，摘自《西利色》第4期，巴黎：门槛出版社，1973年，第319页。
③ 小汉斯是一名患有马恐惧症的5岁男孩。弗洛伊德分析此案例的目的是探究哪些因素导致了恐惧马的症状，又是哪些因素导致了恐惧症的缓解。——译者注

应用，否则这种方法就是无效的。"① 然而，"小汉斯"的治疗过程实际上显示了相反的情况：无论是小汉斯和他的父亲去拜访弗洛伊德，还是小汉斯通过他的父亲间接地向弗洛伊德求助，精神分析的有效时刻都出现在父性权威与医疗权威分离的时刻。② 另外，"小汉斯"恰恰在等待着父亲的权威性（尤其是在面对母亲时），这种父性权威既不能太善解人意，也不能太过于理解被假设应知的主体。正如拉康多次强调的，"小汉斯"请求的正是父亲对他的嫉妒与阉割。由于"小汉斯"成为了他母亲任性的玩物，而父亲没有执行他的功能，其结果就是"小汉斯"自己发展出恐惧症来弥补父亲的功能。③

我们认为，父姓和被假设应知的主体之间的融合，启发了弗洛伊德时代分析家们分析自己孩子的做法。安娜·弗洛伊德曾在她的父亲弗洛伊德那里做过两段分析，"被打的孩子"的幻想正是来自她。梅兰妮·克莱因对自己的孩子进行了分析，并发表了这些分析报告：（5岁的）埃里希变成了弗里茨、汉斯、菲克斯、梅莉塔、丽莎。基于这些经历撰写的著作为作者们提供了进入他们想要加入的精神分析协会的通行证，这使父亲的

---

① 弗洛伊德：《精神分析五案例》，巴黎：PUF出版社，1967年，第93页。
② 弗洛伊德：《精神分析五案例》，巴黎：PUF出版社，1967年，第143页："小汉斯：如果他认为'他的母亲把安娜扔进水里，独留小汉斯和母亲在一起'，那也没什么不好，这样我们就可以把这事写给教授了。"弗洛伊德在注释中补充道："好样的，小汉斯！我无法希望在一个成年人身上发现对精神分析有如此棒的理解。"
③ 参见拉康《客体关系》，巴黎：门槛出版社，1994年，第322、366、402页（关于作为嫉妒的上帝的父亲功能）。

雅克·拉康的"父姓"——标点与问题
Les noms du père chez Jacques Lacan
Ponctuations et problématiques

功能变得更加复杂：安娜·弗洛伊德在1922年5月31日维也纳精神分析协会发表演讲后，撰写了一篇题为《"被打"的幻想和白日梦》①的原创文章。1919年，梅兰妮·克莱因在《国际精神分析杂志》上发表了一篇题为《一名儿童的发展》的文章，这也是她向精神分析协会提交的论文。据说荣格和亚伯拉罕也分析过自己的孩子。赫尔米娜·冯-休-赫尔姆斯②是儿童精神分析的先驱，她使用自己抚养长大的侄子提供的材料进行分析。后来，她的侄子将她杀害了。

今天，我们已经放弃了分析自己孩子的行为，同时也应该更好地区分"父姓"和"被假设应知的主体"这两个概念。儿童精神分析的实践再次向我们提出这一问题，并迫使我们面对这种区分。在分析家与他接待的父母和孩子们同时所处的场域中，分析家必须注意保持父姓与被假设应知的主体之间的距离，不要把父亲与被假设应知的主体的权威性融为一体，至少要支持父亲对孩子说"不"。

总而言之，在我们今天的民主社会中，被假设应知的主体的父姓似乎正在发挥着某种作用。在我们看来，这一概念与它的对立面一样，"主体被假设对所有人都知道的常识一无所知"

---

① 安娜·弗洛伊德：《"被打"的幻想和白日梦》，摘自《具有欺骗性的女性气质》，巴黎：门槛出版社，1994年，第57—75页。
② 赫尔米娜·冯-休-赫尔姆斯（1871—1924），奥地利的精神分析家，她被认为是第一位从事儿童精神分析的精神分析家，也是第一位将儿童精神分析技术概念化的精神分析家。——译者注

"民主创造了新的主体",①而这就是民主付出的代价。这些被"象征界崩溃"折磨的正常主体,揭示出一种"非急性发作的精神病"。就像一个男人爱上了他的狗,在洗完狗之后,为了不让狗着凉,就把它放进微波炉里烘干!他不知道,这只动物会发生内爆!他对这个结果大失所望,继而勃然大怒,控告微波炉制造商没有在说明书上注明不得将动物放入!他赢了!

---

① 达尼-罗伯特·杜甫:《疯癫与民主》,巴黎:伽利玛出版社,1996年,第157页。

雅克·拉康的"父姓"——标点与问题
Les noms du père chez Jacques Lacan
Ponctuations et problématiques

译后记

当我在精神分析家的躺椅上"唠叨"到第4个年头时，终于开始询问自己姓名的由来。我的名字很普通，甚至可以说普遍，如今我和"她"相处了几十年，彼此依存，互为依归，但却仍很难用"喜欢"和"爱"来描述我对自己姓名的感情——我唯一知晓的，是如同大部分中国孩子一样，"她"是我的父亲赐予我的。因此对于姓名的质询，本质上是在追问父亲的欲望：他想跟我说什么？

毫无疑问，我当然知道谁是我的父亲，包括他的姓名、个人历史、爱情故事以及我们相处的记忆……而像很多对自己孩子催生催育的父亲一样，他有一次斥责我说："不孝有三，无后为大！"我则有些无厘头地反问他："这句话是谁说的？"父亲当时恼羞成怒！在被父亲冠以"不孝"之名的同时，我突然觉悟：啊！我的父亲也有一个"父亲"。

我们中国人很早就认为父亲就是权力的象征，《说文解字》有云：父，矩也，家长，率教者。从又举杖。[①]葛兆光认为孔子的"君君臣臣父父子子"，为的是形成整个社会井然有序的差

[①] 汤可敬译注，《说文解字》，卷一，北京：中华书局，第613页。

282

序结构，并不只是一些作姿态的规矩，也不只是一些牺牲乐舞的制度。①《易传》更是明确地告诉我们："乾为天，为圜，为君，为父。"而在我的故事中，父亲以"父"之名向我传递中国父亲在宗族繁衍上的律法职责，而他却并不知道自己精神之父孟子的姓名（尤其当他面对的是一个女孩的反问），这似乎意味着对"父亲"的某种折辱。

对"父亲"的好奇与追问绝不仅仅是中国人的话题，来自欧洲大陆的精神分析学派更加深入而明确地研究了"父亲"。罗兰·巴尔特在《符号学原理》中说："在简单过去时背后永远隐藏着一个造物主、上帝或叙事者。"② 如果我们将这里的"造物主"置入个人历史中，那他无疑就是"父亲"。法国精神分析家雅克·拉康在其文章《神经症的个人神话》中再次分析了弗洛伊德的著名案例"鼠人"，明确指出在主体出生之前，一整个他必须置身其中的符号结构业已存在，而其基本构成要素就是患者父亲的历史。③ 在此，我们不难看出，精神分析的创新之处就在于，在宏观的历史长河中为人类主体找到一个锚点，将其定位于个体自身历史及与其有亲缘关系的人物框架之中，这形成了一种"主体无意识结构的分布图谱"，作为符号的父亲则是

---

① 参见葛兆光《中国思想史》，卷一，上海：复旦大学出版社。
② 罗兰·巴尔特：《符号学原理》，李幼蒸译，北京：生活·读书·新知三联书店，1988年，第79页。
③ 参见拉康《神经症的个人神话》，巴黎：门槛出版社，2007年。

雅克·拉康的"父姓"——标点与问题
Les noms du père chez Jacques Lacan
Ponctuations et problématiques

该图谱的核心。而在以"父姓"①为题的研讨班上，他将父姓视作一种割裂母亲与孩子之间原始纽带的运动。

　　法国拉康派精神分析家埃里克·波尔热的这部作品《雅克·拉康的"父姓"》回溯了拉康关于父姓概念的研究阶段，揭示了父姓的多面性及其与"实在界、象征界、想象界、被假设应知的主体"等其他经典拉康派精神分析术语之间的联系。与一般的学术著作不同，他还考证了拉康1963年被国际精神分析协会否决了父姓这一概念之后就叫停"父姓"的研讨班的前因后果。这本书涵盖文化、数学及宗教哲学等跨领域的探讨、精神分析理论术语间的分析，以及拉康个人的部分学术发展史及法国精神分析的历史性事件等。这种纷繁杂糅、无所不包的论述风格本身也揭示出中心概念"父姓"的复杂性，在纵读全书后，我们不难发现作者不仅试图厘清"父姓"概念的形成发展，还想通过还原精神分析的历史事件使读者看到一个更加真实的拉康。也许每一个人，都渴望描摹父亲的精神谱系，而成为罗兰·巴尔特说的"叙事者"，让父亲最终呈现于自己的讲述中，则是拉康派精神分析的特有"父姓"路径。

　　在埃里克·波尔热笔下，弗洛伊德是精神分析之父，而拉康更像是一个追问父亲欲望的儿子，比如本书第50页："拉康认为询问弗洛伊德的欲望并不等同于要离开IPA（国际精神分析协

---

① 参见拉康《父姓》，巴黎：门槛出版社，2005年。

会),恰恰相反,该方式将他与弗洛伊德联系在一起。我们可以说,在 IPA 和弗洛伊德之间,拉康选择了弗洛伊德,更确切地说,他选择的是被剥夺了部分合法性的弗洛伊德。拉康继承了这样的弗洛伊德,并对其存在负有责任。"拉康继承了弗洛伊德的衣钵,然而自己又形成了一个以戏谑的眼神、古怪的行为、夸张的表演、弯曲的雪茄,以及特立独行的着装组成的形象系统。这固然与弗洛伊德的西装、烟斗、神情严肃的皱眉和那种略带压迫性的眼神迥异,但是,同样极具个性特征的外在形象不正是在回应"父亲"的某种欲望吗?

埃里克·波尔热在书中还回溯了拉康与国际精神分析协会之间的"博弈",拉康那充满讽刺的话语常常让我忍俊不禁。他对精神分析的思考始终抱有开放和怀疑,并将其置入自己的个人经历中。在这一过程中,他由最初那个有些多愁善感的羸弱书生,成长为一位善思笃行、世事洞明的"老滑头",他懂得如何思考,并运用社会规则更快将自己的思想付诸实践。今天,在法国巴黎第八大学的课堂上,老师们的第一句话常常是"拉康说……",在逝世 40 多年之后,他成为了拉康派的父亲。

我们在本书中还可以看到,拉康试图通过创造"父姓"这一概念来强调父亲的功能,在人类历史中,这一功能使"父亲"统一于律法的形象。雅克-阿兰·米勒在拉康未完成的"父姓"研讨班出版物的封底上写道:"父姓,多么成功呀!因为父亲的身份没有什么天然性,它首先是一个文化性的事实。正如拉康

雅克·拉康的"父姓"——标点与问题
Les noms du père chez Jacques Lacan
Ponctuations et problématiques

所言，父姓创造了父亲的功能。"① 和埃里克·波尔热呈现的好像不太一样，米勒把拉康理解为一位谦虚勤勉的君子，他在尼采式超人和"与现实作斗争的不幸者"之间进亦忧退亦忧。他不断进行深刻、激进且不屈不挠的反抗，他充满了紧迫感，75岁还能从闯红灯的汽车上跳下来。②

然则何时而乐焉？米勒可能根本没有准备对此作出回答，因为他的拉康已经完成了作为"反抗神"的律法形象，而本书作者埃里克·波尔热则更加全面地分析了拉康的"父姓"概念，一开始就特别强调复数形式与单数形式的父姓概念之间的区别及产生背景。这使读者不仅更加清楚地理解这一概念，同时还更加了解西方宗教，特别是一神教中关于上帝作为永恒"天父"的反思。

本书有一段有趣的论述："事实上，父亲在本质上具有不确定性（incertus），因而才需要对他进行命名。不确定性，即指父亲作为未知者，处于'零'的位置上，而'命名'在'未知''全零'的背景下，将零位指定为'一'，即指定'一位父亲（un père）'。由此，他从'一'个未知者变成'一'个已知者。每次家族内的生育都要重复这样的操作，而且需要一个排序来区分所有的'一'（祖父、子女、孙子女）名。"这使我想到中国云南纳西族的母系氏族，只知有母不知有父。在那儿，"父

---

① 拉康：《父姓》，封底，巴黎：门槛出版社，2005年。
② 参见米勒《拉康的一生》，摘自《弗洛伊德事业》，第79期，巴黎：奈瓦汉出版，2011年。

亲"在传说中是一个名为阿宝格都的女神，她在妇女怀孕之前就把种子放在了她们的子宫里。父亲作为一个名字，作为话语的枢纽，其功能恰恰在于揭示出一个真理，即我们永远无法知道谁是父亲，父亲仍然是一个未知数。① 正因如此，我们也能在话语中追随一位父亲，正像埃里克·波尔热之于拉康，拉康之于弗洛伊德，我的父亲之于孟子。

我并不是一名专业翻译，深知自己的翻译与"信达雅"的翻译原则相去甚远，之所以大胆承担此次翻译工作，是因为作为一名精神分析临床工作者，在学习精神分析与分析临床实践过程中，我愿意努力将自己在精神分析中获得的美妙传播给更多愿意了解精神分析的人。而在本书的翻译过程中，我也追随着作者的脚步再次深入了解了拉康这位伟大的精神分析家，并从中窥见他那与众不同的个性。对我来说，这未尝不是对"父亲"欲望的另一种追寻。

鉴于中文的特殊语境及拉康教学上的不一致性，在中文版中，我将复数形式和单数形式统一译作"父姓"。虽然这不会对读者产生理解上的困难，但仍有言不能尽意之憾。另一个问题是对"Nom"的翻译，有些同人将其译为"父之名"，但"名"在法语中还有一个更准确的词"prénom"。从翻译角度来说，"姓"更能说明父亲的传承性，更贴合原意；从专业角度来说，

---

① 参见克里斯蒂安·德穆兰《父亲的枯萎》，巴黎：纪元出版社。

本书作者做了更加详细的解释，在此不再赘述。

"言者所以在意，得意而忘言。"译者作为读者与作者之间的通道，终将被抛弃，而这恰恰是翻译工作追求的最高目标。希望这部作品能引发读者对"父姓"概念及其在精神分析中的重要性进行更深入的思考，激发出新的理解与讨论。感谢西方思想文化译丛的主编，以及本书编辑，是你们的重视与信任让这部作品能够拥有中文读者；感谢我的朋友程名、邓兰希在翻译过程中对我的帮助，翻译之路虽然艰辛，我仍然喜欢与你们讨论语言和专业。最后感谢我的父亲！期待这本译作能为精神分析与人类学、宗教学等交叉研究带来新的视角。

译者郝淑芬

2024年9月21日于长沙

西方思想文化译丛（已出版）

1.《男性与女性》
〔法〕保罗-劳伦·阿苏 著 徐慧 译

2.《儿童精神分析五讲》
〔法〕埃里克·迪迪耶 著 姜余 严和来 译

3.《独自一个女人》
〔法〕克里斯蒂娃 著 赵靓 译

4.《萨宾娜·斯皮勒林：弗洛伊德与荣格之间》
〔法〕米歇尔吉布尔 雅克诺贝古 编 左天梦 许丹 康翀 译

5.《女人与母亲——从弗洛伊德至拉康的女性难题》
〔法〕马科斯·扎菲罗普洛斯 著 李锋 译

6.《哲学家波伏娃》
〔法〕米歇尔·盖伊 著 赵靓 译

7.《权力的形式：从马基雅维利到福柯的政治哲学研究》
〔法〕伊夫·夏尔·扎尔卡 著 赵靓 杨嘉彦 等译

8.《重建世界主义》
〔法〕伊夫·夏尔·扎尔卡 著 赵靓 译

9.《欲望书写——色情文学话语分析》
〔法〕多米尼克·曼戈诺 著 冯腾 译

10.《感性的抵抗——梅洛-庞蒂对透明性的批判》
〔法〕艾曼努埃尔·埃洛阿 著 曲晓蕊 译

11.《中国人关于神与灵的观念》
〔英〕理雅各 著 齐英豪 译

12.《德勒兹与精神分析》
〔法〕莫妮克·达维-梅纳尔 著 李锋 赵靓译

13.《拉康》
〔法〕阿兰·瓦尼埃 著 王润晨曦 译

14.《哲学美学导论》
〔德〕玛丽亚·E.艾希尔 著 李岱巍 译

15.《福柯与疯狂》
〔法〕弗雷德里克·格罗斯 著
孙聪 译

16.《子午线的牢笼——全球化时代的文学与当代艺术》
〔法〕贝尔唐·韦斯特法尔 著
张蔷 译

17.《文学地理学》
〔法〕米歇尔·柯罗 著 袁莉 译

18.《什么是现象学?》
〔德〕亚历山大·席勒尔 著 李岱巍 译

19.《朗西埃:智力的平等》
〔法〕夏尔·拉蒙 著 钱进 译

20.《文学、地理和后现代地方诗学》
〔美〕埃瑞克·普利托 著 颜红菲 译

21.《马丁·海德格尔:自由的现象学》
〔德〕君特·费格尔 著 陈辉 译

22.《精神病患者的艺术作品》
〔法〕法比安娜·于拉克 著 郝淑芬 译

23.《迷失地图集:地理批评研究》
〔法〕贝尔唐·韦斯特法尔 著 张蔷 译

24.《德里达:书写的哲学》
〔法〕夏尔·拉蒙 著 李锋 赵靓 译

25.《贝克莱的世界:关于三次对话的考察》
〔英〕汤姆·斯通汉姆 著 滕光伟 译

26.《雅克·拉康的"父姓"——标点与问题》
〔法〕埃里克·波尔热 著 郝淑芬 译